# SMT组装工艺

主　编　斯芸芸　詹跃明　许力群

副主编　景琴琴　张丽艳　曹　俊

重庆大学出版社

## 内容提要

本书以 SMT 生产工艺为主线,以"理论知识 + 实践项目"的方式组织教材内容。其内容包括绪论、SMT 生产材料准备、SMT 涂敷工艺技术、SMT 贴装工艺技术、SMT 焊接工艺技术、SMA 清洗工艺技术、SMT 检测工艺技术、SMT 生产管理等 8 个部分。

本书可作为高职高专院校电子类专业教材,也可供 SMT 专业技术人员与电子产品设计制作工程技术人员参考。

**图书在版编目(CIP)数据**

SMT 组装工艺/斯芸芸,詹跃明,许力群主编. -- 重庆:重庆大学出版社,2020.9(2023.8 重印)
ISBN 978-7-5689-1475-8

Ⅰ.①S… Ⅱ.①斯… ②詹… ③许… Ⅲ.①SMT 技术—高等职业教育—教材 Ⅳ.①TN305

中国版本图书馆 CIP 数据核字(2019)第 258972 号

**SMT 组装工艺**

主 编 斯芸芸 詹跃明 许力群
副主编 景琴琴 张丽艳 曹 俊
策划编辑:曾显跃

责任编辑:文 鹏 邓桂华 版式设计:曾显跃
责任校对:张红梅 责任印制:张 策

\*

重庆大学出版社出版发行
出版人:陈晓阳
社址:重庆市沙坪坝区大学城西路 21 号
邮编:401331
电话:(023)88617190 88617185(中小学)
传真:(023)88617186 88617166
网址:http://www.cqup.com.cn
邮箱:fxk@ cqup.com.cn(营销中心)
全国新华书店经销
POD:重庆市圣立印刷有限公司

\*

开本:787mm×1092mm 1/16 印张:11.75 字数:304 千
2020 年 9 月第 1 版 2023 年 8 月第 2 次印刷
ISBN 978-7-5689-1475-8 定价:39.80 元

# 前言

SMT(表面组装技术)是一门新兴的先进制造技术和综合型工程科学技术,也是电子先进制造技术的重要组成部分。SMT 的迅速发展和普及,变革了传统电子电路组装的概念,为电子产品的微型化、轻量化创造了基础条件,成为制造现代电子产品必不可少的技术之一。

本书完整地讲述了 SMT 各个技术环节,并注意教材的实用性。在内容上接近 SMT 行业的实际情况,知识及技术贴近 SMT 产业的技术发展及 SMT 企业对岗位的需求。通过阅读本书,读者能够方便地认识 SMT 行业的技术及工艺流程。

本书内容包括绪论、SMT 生产材料准备、SMT 涂敷工艺技术、SMT 贴装工艺技术、SMT 焊接工艺技术、SMA 清洗工艺技术、SMT 检测工艺技术、SMT 生产管理等 8 个部分。

本书由重庆能源职业学院斯芸芸、詹跃明、许力群担任主编,景琴琴、张丽艳、曹俊担任副主编,郭虎和廖志伟参与了本书的编写。其中,斯芸芸、詹跃明、景琴琴、郭虎编写第 1—4 章,许力群、张丽艳、曹俊、廖志伟编写第 5—8 章。全书由斯芸芸、詹跃明负责统稿。

本书在编写过程中参考了大量有关 SMT 技术方面的书籍和杂志,如果没有这些参考文献所提供的资料和数据,也就没有本书的顺利完成。

由于编者水平有限,经过了多次反复修改,书中难免有疏漏和不足之处,望广大读者提出宝贵的意见,以便修订时更正。

编　者

2020 年 5 月

# 目录

# 第 *1* 章
# 绪 论

## 1.1 SMT 生产线

### 1.1.1 SMT 生产线组成

表面组装技术(Surface Mounting Technology,SMT),是目前电子组装行业里最流行的一种电子组装技术和工艺。

表面组装技术是将表面组装元器件贴、焊到印制电路板表面规定位置上的电子产品组装技术,它实现了电子产品组装的高密度、高可靠、小型化、低成本,以及生产的自动化,表面组装技术实物图如图 1.1 所示。表面组装元器件包括表面组装元件(Surface Mount Component,SMC)和表面组装器件(Surface Mount Device,SMD),将表面组装元器件装配到印制电路板上的工艺方法称为 SMT 工艺,相关的组装设备则称为 SMT 设备。

图 1.1 表面组装技术实物图

目前,先进的电子产品,特别是计算机及通信类电子产品,已普遍采用 SMT 技术。随着 SMD 器件产量逐年上升,传统器件产量逐年下降,SMT 技术将越来越普及。

1)SMT 的概念

(1)SMT 的狭义概念

SMT 是指用自动化组装设备将片式化、微型化的无引线或短引线表面组装元件/器件(片状元器件)直接贴、焊到印制电路板(PCB)表面或其他基板表面规定位置上的一种电子装配技术,所用的印制电路板无须钻插装孔,表面组装技术示意图如图 1.2 所示。

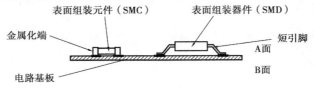

图 1.2　表面组装技术示意图

(2)SMT 的广义概念

SMT 是一项复杂的、综合的系统工程技术,SMT 涉及材料技术(如各种元器件、锡膏、阻焊剂等)、机械加工技术(如涂敷模板制作)、涂敷技术(如涂敷锡膏或贴片胶)、焊接技术、检验技术、测试技术等。

SMT 的基本组成可以归纳为生产物料、生产设备、生产工艺、SMT 管理四大部分。生产物料包括产品物料和工艺材料,产品物料主要包括表面组装元器件及印制电路板,工艺材料主要有焊料、阻焊剂、贴片胶、清洗剂等;生产设备主要有涂敷设备、贴片设备、焊接设备、检测设备、返修设备、清洗设备;生产工艺主要有涂敷工艺、贴片工艺、焊接工艺、检测工艺、返修工艺、清洗工艺;SMT 管理主要有生产管理、生产现场管理、品质管理、静电防护。

2)SMT 生产线的组成

由印刷机、贴片机、回流焊机和波峰焊机、清洗机、测试设备等 SMT 设备组成的 SMT 生产线系统,通常简称为 SMT 生产线。SMT 生产线的主要生产设备包括锡膏印刷机、贴片机和回流焊机,当电路需安装部分插件元器件时,则还要用上波峰焊机。辅助生产设备包括送板机、收板机、光学检测设备、返修设备和清洗设备等。一条全贴式的 SMT 生产线如图 1.3 所示。

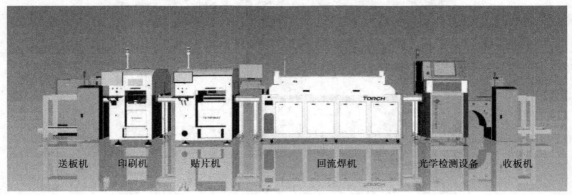

图 1.3　SMT 生产线

3）SMT 生产线分类

SMT 生产线按自动化程度分为全自动生产线和半自动生产线。全自动生产线是指生产线的设备全部都是全自动设备，通过自动送板机、传输带和自动收板机将生产线的所有全自动设备连接起来组成的一条自动生产线；半自动生产线是指主要生产设备没有连起来或者没有完全连起来的生产线。

SMT 生产线按生产线规模大小分为大型生产线、中型生产线和小型生产线。大型生产线主要适合于大型企业，具有较大的生产能力；中小型生产线主要适合于中小型企业，满足中小批量的多品种产品或大批量的单一品种。

SMT 生产线按线体组装方式分为单线形式生产线、双线形式生产线和 SMT 产品集成组装系统。单线形式生产线主要用于 PCB 单面组装，如图 1.4 所示；双线形式生产线主要用于 PCB 双面组装；SMT 产品集成组装系统适合于更加复杂、更加多元化的 PCB 组装形式。

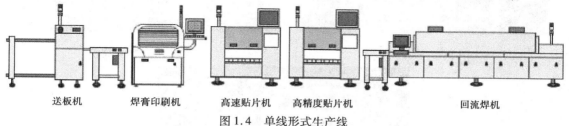

送板机　　　　焊膏印刷机　　　高速贴片机　　高精度贴片机　　　　　　回流焊机

图 1.4　单线形式生产线

SMT 生产线按贴装速度分为低速生产线、中速生产线和高速生产线；按贴装精度分为低精度生产线和高精度生产线。

### 1.1.2　SMT 与 THT 比较

SMT 是从传统的通孔插装技术（Through Hole Technology，THT）发展起来的，但又区别于传统的 THT。传统的 THT 技术采用有引线元器件，在印制板上设计好电路连接导线和安装孔，通过把元器件引线插入 PCB 上预先钻好的通孔中，暂时固定后在基板的另一面采用波峰焊接等软钎焊技术进行焊接，形成可靠的焊点，建立长期的机械和电气连接，元器件主体和焊点分别分布在基板两侧。

从组装工艺技术的角度分析，SMT 和 THT 的根本区别在于"贴"和"插"。从概念上来区别，SMT 是将无引脚或者短引脚的元器件贴、焊到电路板的规定位置上，焊点和元器件分布在电路板的一侧，如图 1.5 所示；而 THT 是将有引线元器件插入 PCB 上预先钻好的通孔，再进行焊接，焊点和元器件分布在电路板的两侧，如图 1.6 所示。

图 1.5　SMT 组装工艺电路板实物图　　　　图 1.6　THT 插装工艺电路板实物图

SMT 和 THT 的差别还体现在基板、元器件、组件形态、焊点形态和组装工艺方法等方面。SMT 焊接工艺采用回流焊工艺或回流焊和波峰焊混合工艺,回流焊如图 1.7 所示,波峰焊如图 1.8 所示;THT 焊接工艺主要采用波峰焊接或手工焊接,手工焊接如图 1.9 所示。

图 1.7　回流焊机　　　　　　　　　　　　图 1.8　波峰焊机

图 1.9　手工焊接

THT 元器件有引线,当电路密集到一定程度后,就无法解决缩小体积的问题。同时,引线间相互接近导致的故障、引线长度引起的干扰也难以排除。在传统的 THT 印制电路板上,元器件和焊点分别位于电路板的两面;而在 SMT 电路板上,焊点与元器件都处在电路板的同一面上。在 SMT 印制电路板上,通孔只用来连接电路板两面的导线,孔的数量要少很多,孔的直径也小很多,这样,能极大地提高电路板的装配密度。

SMT 和 THT 相比,SMT 具有以下优点:

①组装密度高,电子产品体积小、质量小。电子产品体积缩小 40% ~60%,质量减小 60% ~80%,设备利用率高,人力成本低。

②抗震能力强、可靠性高。焊接可靠性高,电子产品平均无故障时间一般为 20 万 h。

③高频特性好。在很大程度上减少了电磁干扰和射频干扰,使得组件的噪声降低,改善了组件的高频特性。

④成本降低。表面组装元器件体积小、质量小,降低了包装和运输成本。

⑤易于实现自动化,提高生产效率。

### 1.1.3　SMT 生产线环境要求

SMT 生产设备是高精度的机电一体化设备,设备和工艺材料对环境的清洁度、湿度、温度都有一定的要求。为了保证设备正常运行和组装质量,其对工作环境有以下要求:

①电源:电源电压和功率要符合设备要求,电压要稳定。单相 AC220 V[220 × (1 ± 10%) V,50/60 Hz];三相 AC380 V[380 × (1 ± 10%) V,50/60 Hz]。如果达不到要求,需配置稳压电源,电源的功率要大于功耗的一倍以上。

②温度:最佳环境温度为(23 ± 3) ℃,一般为 17 ~ 28 ℃,极限温度为 15 ~ 35 ℃。

③湿度:相对湿度控制在 45% ~ 70%。

④工作环境:工作间保持清洁卫生,无尘土、无腐蚀性气体。在空调环境下,要有一定的新风量。

⑤防静电:生产设备必须接地良好,应采用三相五线接地法并独立接地。生产场所的地面、工作台垫、座椅等均应符合防静电要求。

⑥排风:回流焊和波峰焊设备都有排风要求。

⑦照明:厂房内应有良好的照明条件,理想的照度为 800 ~ 1 200 lx,至少不能低于 300 lx。

⑧SMT 生产线人员:生产线各设备的操作人员必须经过专业技术培训,熟练掌握设备的操作规程。操作人员应严格按"安全技术操作规程"和工艺要求操作。

### 1.1.4　SMT 的发展现状

1)SMT 的发展阶段

SMT 的发展阶段可以划分为 4 个阶段:

第一阶段(1960—1975 年):小型化、混合集成电路,应用小型化、混合集成电路后的代表产品有计算器、石英表等。

第二阶段(1976—1980 年):集成电路体积减小,电路功能增强,代表产品有摄像机、录像机、数码相机等。

第三阶段(1980—1995 年):成本降低,生产设备得到大力发展,产品性价比得到提高,SMT 应用于超大规模集成电路中。

现阶段(1995 年至今):微组装、高密度组装、立体组装,SMT 发展到了一个新的高度,SMT 生产的产品变得多式多样。

2)SMT 的发展现状

(1)国外 SMT 的发展现状

美国是世界上 SMD 和 SMT 起源的国家,并一直重视在投资类电子产品和军事装备领域发挥 SMT 高组装密度和高可靠性能方面的优势,具有很高的水平。日本在 20 世纪 70 年代从美国引进 SMD 和 SMT 应用在消费类电子产品领域,并投入巨资大力加强基础材料、基础技术和推广应用方面的开发研究工作。从 20 世纪 80 年代中后期起加速了 SMT 在电子设备领域中的全面推广应用,仅用 4 年时间便使 SMT 在计算机和通信设备中的应用数量增长了近 30%,

在传真机中增长了 40%。日本很快超过美国,在 SMT 方面处于世界领先地位。

欧洲各国的 SMT 起步较晚,但它们重视发展并有较好的工业基础,发展速度也很快,其发展水平和整机中 SMC/SMD 的使用效率仅次于日本和美国。20 世纪 80 年代以来,新加坡、韩国、中国香港和中国台湾亚洲四小龙不惜投入巨资,纷纷引进先进技术,使 SMT 获得较快的发展。

据国外资料报道,进入 20 世纪 90 年代以来,全球采用 THT 的电子产品以年 11% 的速度下降,而采用 SMT 的电子产品以 8% 的速度递增。到目前为止,日本、美国等国家已有 80% 以上的电子产品采用了 SMT。

(2)国内 SMT 的发展现状

目前,中国已成为全球重要的 SMT 设备制造基地之一,凯格、劲拓、新泽谷、神州、安达、日联等企业随着中国制造业的快速崛起而发展壮大,并且凭借绝对的性价比和庞大的售后服务网络等优势占据了 70% ~80% 的国内市场份额。近年来,一些企业和研究机构在贴片机国产化方面的布局取得突破性进展,中国成为全球最大的 SMT 设备需求和使用大国,成为全球重要的 SMT 设备制造基地之一。

中国 SMT 产业的高速发展主要源于以下 3 个方面的重要原因:

第一,中国电子信息产品制造产业在全球的地位短期内仍无法撼动,并且还将继续保持较高的增长速度。目前全球智能手机、平板电脑和智能穿戴设备等产品的生产制造已经基本向中国转移,中国的生产制造在全球都有重要的地位,起到了绝对的支撑作用。未来中国的电子信息产品制造业并不是一成不变的,其重点是全球智能汽车电子产品制造业。

第二,随着产品微型化的要求,片式元器件使用量的高速增长必将带动市场对 SMT 设备需求的持续扩大。中国的片式化率还不能达到国际水平,虽然中国电子元器件的片式化率已超过 60%,但国际上电子产品的片式化率已达到 90%,这中间存在一定的差距,中国的 SMT 产业仍然具有良好的发展空间。

第三,在中国市场日趋重要的情形下,全球主要贴片机生产商开始大幅提高在中国本地化生产水平。在全球生产商的技术指导下,贴片机基本可以在中国完成组装,这在很大程度上带动了中国 SMT 产业整体的发展。

从产业自身的发展周期来看,虽然目前中国的 SMT 产业已发展成熟,但是依然呈现蓬勃的生机。同时,SMT 产业又是一个重要的基础性产业,对推动中国的电子信息产业制造业结构调整和产业升级有着重要意义。推动中国的 SMT 产业快速健康发展需要产业上下游各个环节的共同协作。

3)国内外主要的 SMT 设备厂家

目前,国内在印刷、焊接、检测等环节已涌现出较有实力的企业,如日东、劲拓、ETA 埃塔的焊接设备,凯格的印刷机,神州视觉的 AOI 检测设备,日联的 X-Ray 检测设备。但是核心环节的贴片机则仍由日本、德国、韩国、美国把持,主要制造商包括 ASM、松下、环球、富士、雅马哈、JUKI、三星等。国内外主要的 SMT 设备厂家见表 1.1。

表 1.1 国内外主要的 SMT 设备厂家

| SMT 设备 | 国外主要企业 | 国内主要企业 |
|---|---|---|
| 印刷机 | DEK、ERKA、SONY、SPEEDLINE、日立、松下、MINAMI | GKG、德森、日东 |
| 贴片机 | ASM、FUJI、松下、JUKI、YAMAHA、三星、环球、安必昂、MYDATA | 元利盛(中国台湾)、ETA 埃塔 |
| 回流焊机 | ERSA、REHM、HELLER、ETC | 日东、劲拓、ETA 埃塔、科隆威 |
| 点胶机 | ASYMTEK、CAMELOT | 安达、轴心 |
| AOI | 欧姆龙、SAKI、VI | 神州视觉、矩子、振华兴 |
| X-RAY | DAGE、PHONIX、GE、岛津 | 日联 |
| BGA 返修站 | ERSA、OKI | 效时、卓茂 |

毫无疑问,我国已成为全球电子制造大国,并正向电子制造强国快速迈进。电子装备的自动化程度高低是衡量一个国家是否为电子制造强国的标志。目前,国内电子整机 SMT 制造设备在印刷机、回流焊机、AOI 设备等环节取得了巨大进步,而在 SMT 生产线关键的贴片机设备方面虽然已可以生产,但精度达不到日本、美国等国家的设备指标,同时还面临技术、标准等诸多问题。实现电子制造强国梦必须走 SMT 设备的自主研发之路,集中优势力量突破贴片机产业化的困境。

4)贴片机国产化的难点

贴片机国产化面临着设备结构复杂、研制费用高、标准不完善、高端技能人才缺乏等问题,主要原因归纳起来有以下 4 个方面:

一是贴片机结构复杂、技术含量高,国内基础工业积累不足。贴片机是机电光等多学科一体化的高技术精密设备,仅元器件就有 1 万~2 万个,国外贴片机企业一般采购其中的 70%,另外 30% 通过公司定制,而这 30% 的元器件由于国内企业缺乏基础技术人才,无法生产。

二是贴片机研制费用高、投资风险大,民营企业无法保证持续的资金投入。目前,贴片机生产未得到政府的足够重视。国有企业开发贴片机,通常是政府拨专款立项攻关,企业弄个样机组织鉴定,然后项目随之结束,缺乏持续创新的动力。民营企业创新活力强,是目前研制贴片机的主要力量(国内从事 SMT 设备制造的厂家有几百家,几乎都是民营企业),但规模小、实力有限,缺乏生产样机后进一步研制与提升的资金投入。同时,国内企业一旦新品研制成功,国外企业便立刻降价打压国内企业,导致国内企业研发资金链断裂,无法在性能日新月异的贴片机市场竞争中存活。

三是 SMT 产业标准体系不完善。标准体系是整合供应链的关键。SMT 技术、新材料和新工艺的快速变化,以及成本和环保的双重压力,迫使产品规格标准频繁变化,对 SMT 标准制订提出新的要求。长期以来,我国 SMT 产业过度依赖国外 IPC 标准,未根据中国 SMT 产业实际情况制订完备的标准体系。国内虽然制订了 GB 19247、GB 3131、QJ 165 等标准,但存在标准繁杂、不成体系等问题。

四是 SMT 高端技能人才缺乏。SMT 设备涉及机械、电子、光学、材料、化工、计算机、自动控制等多学科。目前,国内仅有少数高校将重点放在工艺设备开发或微组装/封装领域,与 SMT 配套的学科、专业和教学体系建设刚起步,很难满足 SMT 行业发展需求。同时,行业对电子制造技术研发和人才培养的动力不足,制约了 SMT 制造竞争力的提升。

### 1.1.5  SMT 的发展趋势

SMT 技术由 SMT 生产线、SMT 设备、SMT 封装元器件、SMT 工艺材料等因素相辅相成, SMT 技术的发展需要各个因素综合发展。

1)SMT 生产线的发展

(1)SMT 生产线朝信息集成的柔性生产环境方向发展

目前,电子产品正向更新、更快、多品种、小批量的方向发展,这就要求 SMT 的生产准备时间尽可能短,为达到这个目标需要克服设计环节与生产环节联系脱节的问题,而 CIMS(计算机集成制造系统)的应用可以完全解决这一问题。CIMS 是以数据库为中心,借助计算机网络把设计环境中的数据传送到各个自动化加工设备中,并能控制和监督这些自动化加工设备,形成一个包括设计制造、测试、生产过程管理、材料供应和产品营销管理等全部活动的综合自动化系统。

CIMS 能为企业带来非常显著的经济效益,能提高产品质量、设备有效利用率和柔性制造能力,大大缩短产品设计周期和投入市场的时间等。可以预见,CIMS 在 SMT 生产线中的应用将会越来越广泛。

(2)SMT 生产线朝高效方向发展

高生产效率是衡量 SMT 生产线的重要性能指标,SMT 生产线的生产效率体现在产能效率和控制效率。如今市场竞争异常激烈,高效是每一个行业都必须追求的目标。

(3)SMT 生产线向"绿色"环保方向发展

当今人们生活的地球已经遭到人类不同程度的损坏,以 SMT 设备为主的 SMT 生产线作为工业生产的一部分,毫无例外地会对人类的生存环境产生破坏。从电子元器件的包装材料、胶水、锡膏、助焊剂等 SMT 工艺材料,到 SMT 生产线的生产过程,无不对环境存在着这样或那样的污染,SMT 生产线越多、规模越大,这种污染就越严重,最新的 SMT 生产线正朝绿色生产线方向发展。SMT 生产线不仅要考虑生产规模和生产能力,还要考虑 SMT 生产对环境的影响,从 SMT 建线设计、SMT 设备选型、工艺材料选择、环境与物流管理、工艺废料的处理及全线的工艺管理,全面考虑环保的要求。绿色生产线是 SMT 生产线未来的发展方向。

2)SMT 设备的发展

SMT 设备的更新和发展代表着表面组装技术的水平,新 SMT 设备的发展朝高效、灵活、智能、环保等方向发展,这是市场竞争所决定的,也是科技进步所要求的。

3)SMT 封装元器件的发展

SMT 封装元器件主要有表面贴装元件(SMC)和表面贴装器件(SMD)。

①SMC 朝微型化、大容量方向发展。最小 SMC 的规格为 01005,在体积微型化的同时向大容量方向发展。

②SMD 朝小体积、多引脚方向发展。SMD 经历了由大体积、少引脚朝小体积、多引脚方向发展,如 BGA 向 CSP 方向发展。

4)SMT 工艺材料的发展

常用的 SMT 工艺材料包括条形焊料、膏状焊料、助焊剂等。目前呼声较高的是使用无铅焊料,出于环保考虑,无铅焊料是目前乃至将来一段时间的主流。

助焊剂的作用是清除金属表面的氧化物、保持干净表面不再氧化、热传导等。基于环保和成本等各方面因素考虑,免清洗焊接技术是一项将材料、设备、工艺、环境和人力因素结合在一起的综合性技术,它的产生推动了制造工艺技术的变革,而它的推广则影响着相关产业的方方面面。将管理因素和技术因素有机结合,是这项技术投入实施的重要环节。随着相关技术的发展和研究人员的不懈努力,必将为免清洗焊接技术赋予新的内容,也为 SMT 技术注入新的力量。

## 1.2 SMT 工艺流程

### 1.2.1 SMT 组装方式

根据组装产品的具体要求和组装设备的条件选择合适的组装方式,是高效、低成本组装生产的基础,也是 SMT 工艺设计的主要内容。

SMT 的组装方式及其工艺流程主要取决于表面组装组件的类型、使用的元器件种类和组装设备条件。其大体上可分为单面混装、双面混装和全表面组装 3 种类型且包含 6 种典型表面组装方式,见表 1.2。

表 1.2　典型表面组装方式

| 组装方式 | | 组装结构 | 电路基板 | 元器件 | 特　征 |
|---|---|---|---|---|---|
| 单面混装 | 先贴法 | A 面 / B 面 | 单面 PCB | SMC/SMD,THC | 先贴后插 |
| | 后贴法 | A 面 / B 面 | 单面 PCB | SMC/SMD,THC | 先插后贴 |
| 双面混装 | SMC/SMD 和 THC 都在 A 面 | A 面 / B 面 | 双面 PCB | SMC/SMD,THC | 先贴后插 |
| | SMC/SMD 分布在 A 面和 B 面 | A 面 / B 面 | 双面 PCB | SMC/SMD,THC | SMC/SMD 分布在两侧 |
| 全表面组装 | 单面表面组装 | A 面 / B 面 | 单面 PCB | SMC/SMD | SMC/SMD 分布在一侧 |
| | 双面表面组装 | A 面 / B 面 | 双面 PCB | SMC/SMD | SMC/SMD 分布在两侧 |

### 1.2.2 SMT 工艺流程

1)SMT 工艺的基本流程

SMT 工艺有两类基本的工艺流程:一类是锡膏-回流焊工艺;另一类是贴片胶-波峰焊工艺。SMT 的所有工艺流程基本上都是在这两类流程的基础上演变而来。选择单独或者重复、混合使用,以满足不同产品生产的需要。

(1)锡膏-回流焊工艺

锡膏-回流焊工艺如图 1.10 所示,首先在印制电路板焊盘上印刷适量的锡膏;其次将表面组装元器件放在印制电路板规定的位置上;最后将贴装好元器件的电路板通过回流焊炉完成焊接过程。该工艺流程的特点是简单、快捷,有利于产品体积的减小,在无铅焊接工艺中更显示出优越性。其使用范围适用于只有表面组装元件的组装。

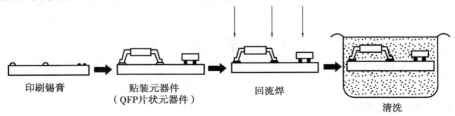

图 1.10　锡膏-回流焊工艺流程

(2)贴片胶-波峰焊工艺

贴片胶-波峰焊工艺如图 1.11 所示,首先在印制电路板焊盘上点涂适量的贴片胶;其次将表面组装元器件放在印制电路板规定的位置上,再在贴装好元器件的印制电路板进行胶水的固化,翻转后再插装元器件;最后将已插装元器件和贴装好元器件的电路板同时进行波峰焊完成焊接过程。该工艺流程的特点是利用双面板空间,电子产品的体积可以进一步做小,并部分使用通孔元件,价格低廉,但所需设备增多,波峰焊过程中缺陷较多,难以实现高密度组装。其使用范围适用于表面组装元器件和插装元器件的混合组装。

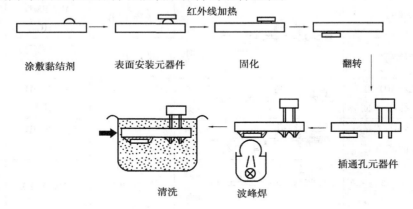

图 1.11　贴片胶-波峰焊工艺流程

2)典型 SMT 工艺流程

SMT 工艺组装各种产品均应以基本工艺流程(锡膏-回流焊工艺和贴片胶-波峰焊工艺)为基础,两者可以单独使用或者重复使用,这样可以演变成多种工艺流程。

(1)全表面组装工艺流程

①单面表面组装工艺流程

单面表面组装工艺全部采用表面组装元器件,在印制电路板上采用单面贴装、单面回流焊,单面表面组装组件结构图如图 1.12 所示。

图 1.12　单面表面组装组件结构图

单面表面组装工艺流程:组装开始—印刷锡膏—贴装元器件—回流焊—检测—清洗,工艺流程如图 1.13 所示。

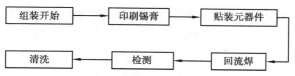

图 1.13　单面表面组装工艺流程

单面表面组装工艺流程中的关键流程有印刷锡膏、贴装元器件和回流焊。单面表面组装工艺流程示意图如图 1.14 所示,对电路板 B 面进行印刷锡膏,再对 B 面进行贴装元器件和回流焊。

图 1.14　单面表面组装工艺流程示意图

单面表面组装工艺流程的特点:它是最简单的全表面组装工艺流程;印制电路板尺寸允许时,尽量采用这种方式,以减少焊接次数;针对只有表面组装元器件、没有插装元器件的工艺流程。

②双面表面组装工艺流程

双面表面组装工艺全部采用表面组装元器件,表面组装元器件分布在印制电路板的两面,组装密度较高,双面表面组装组件结构图如图 1.15 所示。

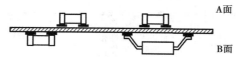

图 1.15　双面表面组装组件结构图

双面表面组装工艺流程主要有双面表面组装工艺流程 A 和双面表面组装工艺流程 B 两种。

a. 双面表面组装工艺流程 A:组装开始—B 面印刷锡膏—B 面贴装元器件—B 面回流焊—翻板—A 面印刷锡膏—A 面贴装元器件—A 面回流焊—检测—清洗,工艺流程如图 1.16 所示。

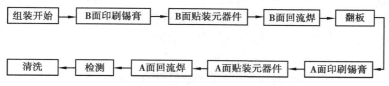

图 1.16　双面表面组装工艺流程 A

为了更加清晰地认识双面表面组装工艺流程 A,这里通过双面表面组装工艺流程 A 示意图来认识其工艺流程,如图 1.17 所示。在此工艺流程中 A 面和 B 面分别进行回流焊,需要注意两次回流焊温度的设置,对 A 面进行回流焊时,也要对 B 面已经完成回流焊焊接的元器件进行保护。

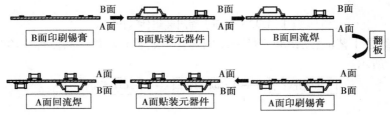

图 1.17 双面表面组装工艺流程 A 示意图

b. 双面表面组装工艺流程 B:组装开始—B 面印刷锡膏—B 面贴装元器件—B 面回流焊—翻板—A 面点胶—A 面贴装元器件—A 面胶水固化—再次翻板—A 面波峰焊—检测—清洗,工艺流程如图 1.18 所示。

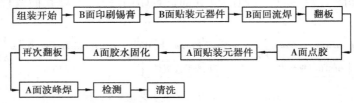

图 1.18 双面表面组装工艺流程 B 示意图

为了更加清晰地认识双面表面组装工艺流程 B,这里通过双面表面组装工艺流程 B 示意图来认识其工艺流程,如图 1.19 所示。在此工艺流程中进行了回流焊和波峰焊。

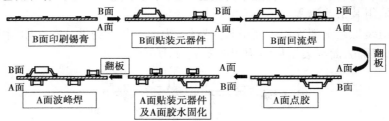

图 1.19 双面表面组装工艺流程 B 示意图

双面表面组装工艺流程特点:针对只有表面组装元器件,没有插装元件的工艺流程;表面组装元器件分布在 PCB 两面,组装密度高;利用双面板空间,体积可以进一步减小。

(2)单面混装工艺流程

单面混装工艺流程主要适用于电路板上既有插装元器件又有贴装元器件,且插装元器件在印制电路板的一面,而贴装元器件在电路板的另一面,结构图如图 1.20 所示。单面混装工艺流程分为先贴法和后贴法,先贴法适用于贴装元器件数量大于插装元器件数量的单面混装,后贴法适用于插装元器件数量大于贴装元器件数量的单面混装。

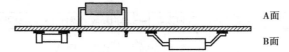

图 1.20 单面混装组件结构图

①先贴法

先贴法是指在 PCB 的 B 面(焊接面)先贴装 SMC/SMD,而后在 A 面插装 THC。先贴法的特征是先贴后插、工艺简单、组装密度低。

先贴法的工艺流程:组装开始—B 面点胶—B 面贴装元器件—B 面胶水固化—翻板—A 面插装通孔元器件—B 面波峰焊—检测—清洗,工艺流程如图 1.21 所示。

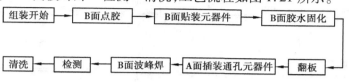

图 1.21　先贴法工艺流程

单面混装工艺流程中先贴法工艺流程示意图如图 1.22 所示,在此过程中,先对 B 面进行贴装元器件,后对 A 面进行插装通孔元器件,这里体现了先贴后插的特征。

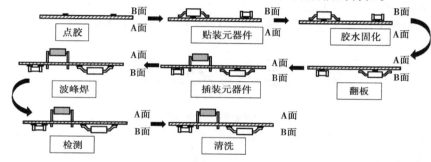

图 1.22　先贴法工艺流程示意图

②后贴法

后贴法是指先在 PCB 的 A 面插装 THC,后在 B 面贴装 SMC/SMD。后贴法的特征是先插后贴、工艺较复杂、组装密度高。

后贴法的工艺流程:组装开始—A 面插装元器件—翻板—B 面点胶—B 面贴装元器件—B 面胶水固化—再次翻板—B 面波峰焊—检测—清洗,工艺流程如图 1.23 所示。

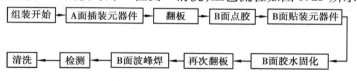

图 1.23　后贴法工艺流程

单面混装工艺流程中后贴法工艺流程示意图如图 1.24 所示,在此过程中,先对 A 面进行插装通孔元器件,后对 B 面进行贴装元器件,这里体现了先插后贴的特征。

(3)双面混装工艺流程

双面混装是在双面 PCB 上将表面组装元器件(SMC/SMD)和插装元器件(THC)混合分布在 PCB 的一面,或者将 SMC/SMD 分别分布在 PCB 两面。双面混装采用双面 PCB、双波峰焊或者回流焊。

双面混装工艺流程主要适用于电路板上既有插装元器件又有贴装元器件的组装。双面混装主要分为两种情况:第一种是贴装元器件和插装元器件同时分布在印制电路板的一面,称为双面混装工艺Ⅰ；第二种是贴装元器件分别分布在印制电路板的两面，插装元器件分布在印制电路板的一面，称为双面混装工艺Ⅱ。

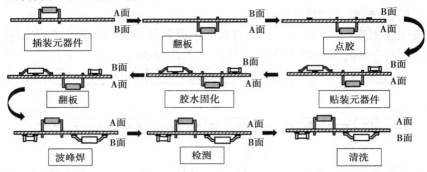

图 1.24　后贴法工艺流程示意图

①SMC/SMD 和 THC 同在电路板的一面

双面混装工艺Ⅰ结构图如图 1.25 所示，从图中可知 SMC/SMD 和 THC 同在电路板的A 面。

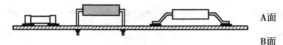

图 1.25　双面混装工艺Ⅰ结构图

双面混装工艺流程：组装开始—A 面涂敷锡膏—A 面贴装元器件—A 面回流焊—A 面插装通孔元器件—B 面波峰焊—检测—清洗，工艺流程如图 1.26 所示。

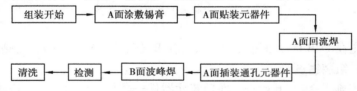

图 1.26　双面混装工艺流程Ⅰ

A 面的 SMC/SMD 通过印刷、贴装工艺后完成焊接，同在 A 面的 THC 进行插装、焊接，在此工艺流程中没有翻板，如图 1.27 所示，此双面工艺流程简单、易实现。

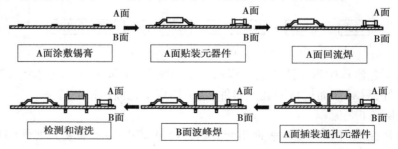

图 1.27　双面混装工艺流程Ⅰ示意图

②SMC/SMD 分布在电路板的两面，一面有 THC

双面混装工艺Ⅱ结构图如图 1.28 所示，从图中可知 SMC/SMD 分布在电路板的 A 面和 B面的两侧，这里在 A 面有 THC。

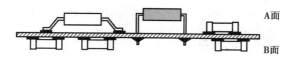

图 1.28 双面混装工艺Ⅱ结构图

双面混装工艺Ⅱ根据工艺流程不同,可以分为双面混装工艺Ⅱ(a)和双面混装工艺Ⅱ(b)。

A. 双面混装工艺Ⅱ(a)

双面混装工艺Ⅱ(a)工艺流程:组装开始—B 面涂敷锡膏—B 面贴装元器件—B 面回流焊—翻板—A 面涂敷锡膏—A 面贴装元器件—A 面回流焊—A 面插装通孔元器件—B 面选择性波峰焊—检测—清洗,工艺流程如图 1.29 所示。

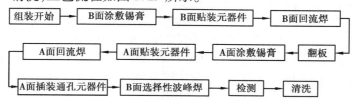

图 1.29 双面混装工艺流程Ⅱ(a)

B 面的 SMC/SMD 通过印刷、贴装工艺后完成焊接,再对 A 面的 SMC/SMD 通过印刷、贴装工艺后完成焊接,对 A 面 THC 进行选择性波峰焊,这里选择性波峰焊是对 B 面上的插件引脚进行焊接,对 B 面上贴装元器件进行处理和保护,B 面上贴装元器件不进行波峰焊,示意图如图 1.30 所示。

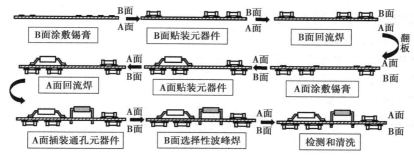

图 1.30 双面混装工艺流程Ⅱ(a)示意图

B. 双面混装工艺Ⅱ(b)

双面混装工艺Ⅱ(b)工艺流程:组装开始—A 面涂敷锡膏—A 面贴装元器件—A 面回流焊—翻板—B 面印刷贴片胶—B 面贴装元器件—B 面胶水固化—再次翻板—A 面插装通孔元器件—B 面波峰焊—检测—清洗,工艺流程如图 1.31 所示。

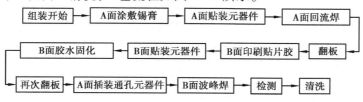

图 1.31 双面混装工艺流程Ⅱ(b)

A 面的 SMC/SMD 通过印刷、贴装工艺后完成焊接,再对 B 面的 SMC/SMD 进行印刷贴片胶、贴装、胶水固化,A 面插装 THC,这时 B 面的 SMC/SMD 和 A 面的 THC 一起进行波峰焊,示意图如图 1.32 所示。

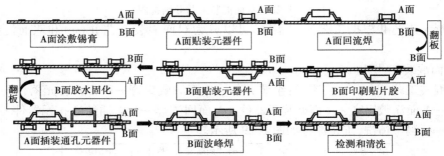

图 1.32　双面混装工艺流程 Ⅱ(b)示意图

双面混装工艺流程的特点:电路板为双面 PCB,焊接面为双面;元器件包含表面组装元器件和通孔插装元件;焊接采用回流焊或者回流焊和波峰焊的组合形式。

# 习 题 与 思 考

1.简述 SMT 生产线的组成。

2.简述 SMT 生产线的分类情况。

3.相比 THT,SMT 具有哪些优点?

4.SMT 组装方式有哪些?

5.简述 SMT 的两种基本工艺流程。

6.描述单面全表面组装工艺流程。

7.描述双面全表面组装工艺流程。

8.分别就先贴法和后贴法对单面混装工艺流程进行描述。

# 第 **2** 章
# SMT 生产材料准备

## 2.1 表面组装元器件

### 2.1.1 表面组装元器件的特点、基本要求及分类

表面组装元器件又称为无引脚元器件,人们通常将表面组装无源元件,如片式电阻、片式电容、片式电感等称为表面组装元件(SMC);将表面组装有源元件,如小外形晶体管、小外形封装器件、四方扁平封装等器件称为表面组装元器件(SMD)。

1)表面组装元器件的特点

①表面组装元器件有些完全没有引出线,有些只有非常短小的引线,相邻电极之间的距离比传统的双列直插式的引线距离(2.54 mm)小很多,目前间距最小的达 0.3 mm。与同样体积的传统芯片相比,SMT 元器件提高了组装密度,使电子产品小型化、薄型化、轻量化,节省了原材料。

②SMT 元器件直接贴装在印制电路板的表面,将电极焊接在与元器件同一面的焊盘上。这样,印制板上的通孔只起到电路连通导线的作用,通孔的直径仅由制板时金属化通孔的工艺水平决定,通孔的周围没有焊盘,大大提高了印制板的布线密度。

③表面组装元器件组装时没有引线的打弯、剪线,在制造印制板时,减少了插装元器件的通孔,降低了成本。

④表面组装元器件的形状标准化,适合于用自动贴装机进行组装,效率高、质量好、综合成本低。

2)表面组装元器件的基本要求

①表面组装元器件的形状适合于自动化的表面贴装。

②表面组装元器件的尺寸、形状在标准化后具有互换性,并具备良好的尺寸精度。

③表面组装元器件适应于流水或非流水作业。

④表面组装元器件具备一定的机械强度,可承受有机溶液的洗涤,具备电性能以及机械性能的互换性。

⑤表面组装元器件可执行零散包装又适应编带包装。

⑥表面组装元器件的耐热性应符合相应的规定。

3）表面组装元器件的分类

表面组装元器件的分类方式有多种。按照功能，表面组装元器件可以分为无源元件、有源元件(SMD)和机电元件三大类，见表 2.1。按照封装形式，表面组装元器件可以分为矩形片式、圆柱形、异形等，见表 2.2。

表 2.1　表面组装元器件的分类(按照功能)

| 类　别 | 常见类型 | 种　类 |
|---|---|---|
| 无源元件 | 电阻器 | 厚膜电阻器、薄膜电阻器、热敏器件、电位器等 |
| | 电容器 | 多层陶瓷电容器、有机薄膜电容器、云母电容器等 |
| | 电感器 | 多层电感器、线绕电感器、片式变压器等 |
| | 复合元件 | 电阻网络、电容网络、滤波器等 |
| 有源元件 | 半导体分立器件 | 二极管、晶体管、晶体振荡器等 |
| | 集成电路 | 片式集成电路、大规模集成电路等 |
| 机电元件 | 开关、继电器 | 钮子开关、轻触开关、簧片继电器等 |
| | 连接器 | 片式跨接线、圆柱形跨接线、接插件连接器等 |
| | 微电机 | 微型微电机等 |

表 2.2　表面组装元器件的分类(按照封装形式)

| 类　别 | 封装形式 | 种　类 |
|---|---|---|
| 无源元件 | 矩形片式 | 厚膜和薄膜电阻器、热敏电阻、压敏电阻、单层或多层陶瓷电容器、钽电解电容器、片式电感器、磁珠等 |
| | 圆柱形 | 碳膜电阻器、金属膜电阻器、陶瓷电容器、热敏电容器、陶瓷晶体等 |
| | 异形 | 电位器、微调电位器、铝电解电容器、微调电容器、线绕电感器、晶体振荡器、变压器等 |
| | 复合片式 | 电阻网络、电容网络、滤波器等 |
| 有源元件 | 圆柱形 | 二极管 |
| | 陶瓷组件(扁平) | 无引脚陶瓷芯片载体 LCCC、有引脚陶瓷芯片载体 CBGA |
| | 塑料组件(扁平) | SOT、SOP、SOJ、PLCC、QFP、BGA、CSP 等 |
| 机电元件 | 异形 | 继电器、开关、连接器、延迟器、薄型微电机等 |

### 2.1.2　表面组装无源元件(SMC)

表面组装无源元件(SMC)按照外形可以分为矩形、圆柱形、异形、复合形；按照种类可以分为表面组装电阻器、表面组装电容器、表面组装电感器、表面组装机电元件等；按照封装材料可以分为陶瓷封装、塑料封装、金属封装；按照有无引线可以分为无引线元件和短引线元件；按照使用环境可以分为非气密性元件和气密性元件。

1）表面组装电阻器

表面组装电阻通常比穿孔安装电阻体积小,有矩形、圆柱形和电阻网络 3 种封装形式。与通孔元件相比,它具有微型化、无引脚、尺寸标准化等特点,特别适合在 PCB 板上安装。贴片电阻是贴片元器件中应用广泛的元器件之一。

（1）矩形电阻器

①结构

矩形电阻器又称为片状电阻器或片式电阻器,它由基片、电阻膜、保护膜、电极 4 个部分组成。其中,基片为高纯度氧化铝基片,保护膜为玻璃釉层,电极分别为外层电极焊料端、内部电极银钯(Ag-Pd)和中间电极镀镍层,如图 2.1 所示。

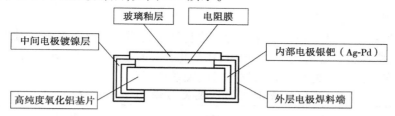

图 2.1　矩形片式电阻器的结构

按照制造工艺的不同,矩形片式电阻器可以分为两种类型,即厚膜型和薄膜型。厚膜型的制造工艺简单,价格便宜;薄膜型的制造工艺较为复杂,阻值精度较高,价格较高。一般情况下,都采用厚膜型制造工艺。

矩形片式电阻器的参数有尺寸代码、额定功率、最大工作电压、额定工作温度、标称电阻值、允差、温度系数及包装形式。

②封装

矩形电阻器的典型形状为矩形六面体(长方体),如图 2.2 所示,其中,$L$ 表示矩形电阻器的长度,$W$ 表示矩形电阻器的宽度,$t$ 表示矩形电阻器的高度。矩形电阻器的封装是根据元件的外形尺寸长宽来命名的,现有两种表示方法,英制系列和公制系列。欧美产品大多采用英制系列,日本产品采用公制系列,我国两种系列都在使用。

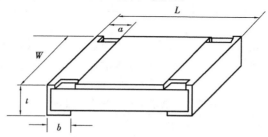

图 2.2　矩形电阻器的外形尺寸示意图

不管采用哪种系列,系列型号中前两位数表示元件的长度,后两位数表示元件的宽度。系列型号的发展变化反映了矩形电阻器的小型化过程:5750(2220)→4532(1812)→3225(1210)→3216(1206)→2520(1008)→2012(0805)→1608(0603)→1005(0402)→0603(0201),典型矩形电阻器的两种系列外形尺寸见表2.3。

表 2.3　典型矩形电阻器系列的外形尺寸　　　　　　　　　　　单位:mm/in

| 公制/英制(型号) | L | W | a | b | t |
|---|---|---|---|---|---|
| 3216/1206 | 3.2/0.12 | 1.6/0.06 | 0.5/0.02 | 0.5/0.02 | 0.6/0.024 |
| 2012/0805 | 2.0/0.08 | 1.2/0.05 | 0.4/0.016 | 0.4/0.016 | 0.6/0.024 |
| 1608/0603 | 1.6/0.06 | 0.8/0.03 | 0.3/0.012 | 0.3/0.012 | 0.45/0.018 |
| 1005/0402 | 1.0/0.04 | 0.5/0.02 | 0.2/0.008 | 0.25/0.01 | 0.35/0.014 |
| 0603/0201 | 0.6/0.02 | 0.3/0.01 | 0.2/0.005 | 0.2/0.005 | 0.25/0.01 |

③矩形电阻器的命名方法

矩形电阻器的命名以 RS-05K102JT 为例进行详细说明,其中,R 表示电阻,S 表示功率,05 表示尺寸(in),K 表示温度系数为 100PPM,102 表示阻值表示法,J 表示精度为 ±5%,T 表示编带包装。矩形电阻器的封装、功率、数字对应关系见表 2.4。

表 2.4　矩形电阻器的封装、功率、数字对应关系

| 外形尺寸 | 功率/W | 数字 |
|---|---|---|
| 0402 | 1/16 | 02 |
| 0603 | 1/10 | 03 |
| 0805 | 1/8 | 05 |
| 1206 | 1/4 | 06 |
| 1210 | 1/3 | 1210 |
| 1812 | 1/2 | 1812 |
| 2010 | 3/4 | 10 |
| 2512 | 1 | 12 |

矩形电阻器阻值误差精度有 ±1%、±2%、±5%、±10% 精度,电阻值允许偏差见表 2.5,±1% 和 ±5% 精度用得较多。±5% 精度的电阻通常用 3 位数来表示,±1% 精度的电阻通常用 4 位数来表示。

表 2.5　电阻值允许偏差对照表

| 电阻值允许偏差 | 代表字母 |
|---|---|
| F | ±1% |
| G | ±2% |
| J | ±5% |
| K | ±10% |

④标注

矩形电阻器阻值一般以数字的形式标注在电阻器本体上。电阻的参数标注方法一般有直标法、代码表示法、数码标志法、符号法等。

A. 直标法

直标法就是将电阻值直接标注在电阻器上，这种方法是一种传统的标注方法。例如，220 是指 220 Ω，220 k 是指 220 kΩ。

B. 代码表示法

代码表示法是主要针对 E96 系列，应用 Multiplier Code 表查找相应的数字，进而得到电阻值大小的一种方法。例如，02C = 10.2 kΩ，15E = 1.4 MΩ，具体数值可从 Multiplier Code 表中查找。

C. 数码标志法

在产品和电路图上用 3 位或者 4 位数字来表示元件标称值的方法称为数码标志法，一般 4 位数字表示的是精密电阻。在 3 位数码中，前两位表示有效数字，第三位数为指数（即前面两位数后加"0"的个数）；4 位数码和 3 位数码表示方法一致，前三位为有效数字，第四位数为指数（即前面三位数后加"0"的个数），单位为 Ω。矩形电阻器标注如图 2.3 所示。

矩形电阻器的特点是正黑反白，正面两白色端为焊接点，可通过表面文字面辨识，但 0402 或其以下规格无文字面。

D. 符号法

在矩形电阻器中，常用一些符号来表示，用 R 代表单位为欧姆的电阻小数点，用 m 代表单位为毫欧姆的电阻小数点，如 R047 表示 0.047 Ω，如图 2.4 所示。

（2）圆柱形电阻器

①结构

圆柱形电阻器即金属电极无引脚端面型元件（Metal Electrode Leadless Face Bonding Type），简称 MELF 电阻器。圆柱形电阻器的形状与有引线电阻器相比，只是去掉了轴向引线。MELF 电阻器可以采用薄膜工艺来制作，圆柱形电阻器结构如图 2.5 所示，主要有碳膜（ERD）型和金属膜（ERO）型两种。

  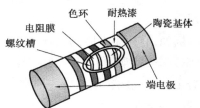

色环　耐热漆

电阻膜　　　　陶瓷基体

螺纹槽

端电极

图 2.3　片式电阻器标注　　图 2.4　小于 10 Ω 的电阻标注　　图 2.5　圆柱形电阻器结构

②标注

圆柱形电阻器的标注采用色环来表示，例如三色环、四色环、五色环，如图 2.6 所示。

碳膜（ERD）型电阻器用三色环表示，第 1 条、第 2 条色环表示有效数字，第 3 条色环表示有效数字后面零的个数。金属膜（ERO）型电阻器用四色环或五色环表示，四色环电阻中第 1 条、第 2 条色环表示有效数字，第 3 条色环表示有效数字后面零的个数，第 4 条色环表示误差；五色环电阻中第 1 条、第 2 条、第 3 条色环表示有效数字，第 4 条色环表示有效数字后面零的

21

三色环电阻

四色环电阻

五色环电阻

图 2.6　色环电阻

个数,第 5 条色环表示误差。MELF 电阻器中的每个色环对应的关系见表 2.6。

表 2.6　MELF 电阻器色环说明

| 颜　色 | 黑 | 棕 | 红 | 橙 | 黄 | 绿 | 蓝 | 紫 | 灰 | 白 | 金 | 银 | 无 |
|---|---|---|---|---|---|---|---|---|---|---|---|---|---|
| 数　值 | 0 | 1 | 2 | 3 | 4 | 5 | 6 | 7 | 8 | 9 | | | |
| 倍　率 | $10^0$ | $10^1$ | $10^2$ | $10^3$ | $10^4$ | $10^5$ | $10^6$ | $10^7$ | $10^8$ | $10^9$ | $10^{-1}$ | $10^{-2}$ | |
| 误差/% | | ±1 | ±2 | | | ±0.5 | ±0.25 | ±0.1 | | | ±5 | ±10 | ±20 |

③圆柱形电阻器识别方法

色环电阻是应用于各种电子设备中较多的电阻类型,无论怎样安装,维修者都能方便地读出其阻值,便于检测和更换。在实践中,有些色环电阻的排列顺序不甚分明,容易读错,在识别时,可运用以下技巧加以判断:

a.先找标志误差的色环,从而排定色环顺序。最常用表示电阻误差的颜色为金、银、棕,尤其是金环和银环,金环和银环一般很少用作电阻色环的第一环,在电阻上只要有金环和银环,就可以基本认定这是色环电阻的最末一环。

b.棕色环是否是误差标志的判别。棕色环既常用作误差环又常作为有效数字环,且常在第一环和最末一环中同时出现,使人很难识别谁是第一环。在实践中,可以按照色环之间的间隔加以判别。比如,对于一个五色环的电阻而言,第 5 环和第 4 环之间的间隔比第 1 环和第 2 环之间的间隔要宽一些,据此可判定色环的排列顺序。

c.在仅靠色环间距还无法判定色环顺序的情况下,还可以利用电阻的生产序列值来加以判别。

例如,有一个电阻的色环读序为棕、黑、黑、黄、棕,其值为 $100 \times 10\ 000\ \Omega = 1\ M\Omega$,误差为 ±1%,属于正常的电阻系列值,若是反顺序读:棕、黄、黑、黑、棕,其值为 $140 \times 1\ \Omega = 140\ \Omega$,误差为 ±1%。显然,按照后一种排序所读出的电阻值,在电阻的生产系列中是没有的,后一种色环顺序是错误的。

(3)电阻网络

表面组装电阻器网络是将多个片状矩形电阻按设计要求连接成的组合元件,其封装结构与含有集成电路的封装相似,如图 2.7 所示。其焊盘图形设计标准可根据电路需要加以选用。

图 2.7　表面组装电阻器网络

（4）表面组装电位器

表面组装电位器又称片式电位器，是一种可以人为调电阻值变化的电阻器，进而用以调节电路的电阻和电压，如图2.8 所示。表面组装电位器按结构和焊接方式可分为敞开式电位器和密封式电位器两种。敞开式电位器只适合于回流焊接，密封式电位器既适用于回流焊，也可应用于波峰焊。

2）表面组装电容器

表面组装电容器简称片式电容器。目前，表面组装电容器主要有瓷介电容器、钽电解电容器、铝电解电容器、有机薄膜电容器和云母电容器，其中，瓷介电容器约占 80%，其次是钽电解电容器和铝电解电容器，有机薄膜电容器和云母电容器使用较少。

图 2.8　表面组装电位器

（1）片式瓷介电容器

片式瓷介电容器有矩形和圆柱形两种。圆柱形是单层结构，生产量很少。矩形片式瓷介电容器又分为单层片状瓷介电容器和多层片状瓷介电容器，多层片状瓷介电容器又称为 ML-CC（Multi-layer Ceramic Capacitor），有时也称为独石电容器。

①多层片式瓷介电容器

A. 结构

多层片式瓷介电容器以陶瓷材料为电容介质，是在单层盘状电容器的基础上构成的，电极深入电容器内部，并与陶瓷介质相互交错，如图2.9 所示。多层片式瓷介电容器实现了体积小、轻薄化的特点，其无引线，寄生电感小、等效串联电阻低、电路损耗小，并且有助于提高电路的应用频率和传输速度。其电极与介质材料共烧结，耐潮性能好、结构牢固、可靠性高，对环境温度适应性强，具有优良的稳定性和可靠性。

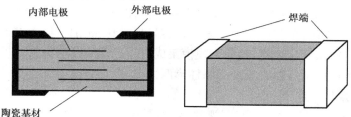

图 2.9　多层片式瓷介电容器

B. 标注

多层片式瓷介电容器和矩形电阻器的标注方法相似，也有直标法、数码标志法和符号法，可以参照电阻值的识别方法判别电容值的情况。标注电容值的单位一般情况下默认为 pF。

C. 特点

多层片式瓷介电容器的宽度通常与其厚度相当，与电阻相似，两端白色处为焊接点，电容器的本体颜色主要以黄、白、灰、棕色居多。

②圆柱形片式瓷介电容器

圆柱形片式瓷介电容器的结构其主体是一个被覆有金属内表面电极和外表面电极的陶瓷管。为满足表面组装工艺的要求，瓷管的直径已从传统管形电容器的 3 ~ 6 mm 减少到 1.4 ~ 2.2 mm，瓷管的内表面电极从一端引出到外壁，和外表面电极保持一定的距离，外表面电极引至瓷管的另一端。通过控制瓷管内、外表面电极重叠部分的多少,来决定电容器的电容量。将已成型的金属帽压在瓷管的两端,分别与内、外表面电极结合,构成外电极的两个引出端。瓷管的外表面再涂敷一层树脂,在树脂上打印有关标记,这样就构成了圆柱形片式瓷介电容器的整体。

(2)片式电解电容器

片式电解电容器一般可以分为铝电解电容器和钽电解电容器。

①铝电解电容器

铝电解电容器的容量和额定工作电压的范围比较大,做成贴片形式比较困难,一般是异形,如图 2.10 所示。铝电解电容器在价格上有优势,在消费类电子设备中经常使用铝电解电容器。铝电解电容器属于极性元件,一定要区分正负极,这样才能充分保证铝电解电容器的工作和作用。

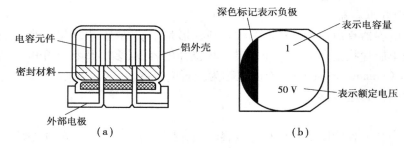

图 2.10　铝电解电容器

铝电解电容器的特点是形状为圆柱形,底部两引脚为焊接点,文字面由容值代码和其耐压值组成,常见电容的颜色为白色、黑色,紫色、红色为高档铝电解电容器。

②钽电解电容器

在各种电容器中,钽电解电容器具有最大的单位体积容量。SMT 钽电解电容器以金属钽作为电容介质,可靠性高,单位体积容量大。在容量超过 $0.33~\mu F$ 时,大都采用钽电解电容器。钽电解电容器的电解质响应速度快,在大规模集成电路等需要高速运算处理的场合,使用钽电解电容器较好。钽电解电容器有矩形和圆柱形两大类。

A.矩形钽电解电容器

矩形钽电解电容器有 3 种类型,即裸片型、模塑封装型和端帽型,图 2.11 为 SMC 钽电解电容器的结构和类型,其中,图 2.11(a)为钽电解电容器的内部结构,图 2.11(b)为裸片型,图 2.11(c)为模塑封装型,图 2.11(d)为端帽型。

钽电解电容器常为两端焊接,文字面通常由容值代码和其耐压值组成,常见颜色有金黄色和黑色。

B.圆柱形钽电解电容器

圆柱形钽电解电容器的结构由阳极和固体半导体阴极组成,采用环氧树脂封装,制作时将作为阳极引线的钽金属线放入钽金属粉末中,加压成型,再在 $1~650 \sim 2~000~℃$ 的高温真空炉中烧结成阳极芯片,将芯片放入磷酸等电解液中进行阳极氧化,形成介质膜,通过钽金属线与非磁性阳极端子连接后做成阳极。然后浸入硝酸锰等溶液中,在 $200 \sim 400~℃$ 的气浴炉中进行热分解,形成二氧化锰固体电解质膜并作为阴极。成模后,在二氧化锰层上沉积一层石墨,再涂银浆,用环氧树脂封装,最后打上标志。

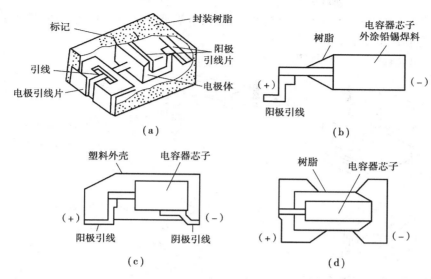

图 2.11　钽电解电容器

**3）表面组装电感器**

表面组装电感器除了与传统的插装电感器有相同的扼流、退耦、滤波、调谐、延迟、补偿等功能外,在 LC 调谐器、LC 滤波器、LC 延迟线等多功能器件中体现了其独到的优越性。

因电感器受线圈约束,片式化比较困难,故其片式化晚于电阻器和电容器,其片式化率也低。尽管如此,电感器的片式化仍取得了很大的进展,不仅种类繁多,而且相当多的产品已经系列化、标准化,并已批量生产。

片式电感器是继片式电阻器、片式电容器之后迅速发展起来的一种新型无源元件。它是表面组装技术的重要基础元件之一,在"微组装技术"中也将发挥重要作用。

目前用量较大的片式电感器主要有绕线型、多层型和卷绕型。

**（1）绕线型片式电感器**

绕线型片式电感器实际上是把传统的卧式绕线电感器稍加改进而成,制造时将导线(线卷)缠绕在磁芯上。低电感时用硅钢片做磁芯,大电感时用铁氧体做磁芯,绕组可以垂直也可以水平。一般垂直绕组的尺寸较小,水平绕组的电性能要稍好一些,绕线后再加上端电极。端电极也称外部端子,它取代了传统的插装式电感器的引线,以便表面组装。

绕线型片式电感器所用磁芯不同,结构上也有多种形式,如图 2.12 所示,其中,图 2.12（a）为工字形结构,这种电感器是在工字形磁芯上绕线制成的;图 2.12（b）为槽形结构,槽形结构是在磁性体的沟槽上绕上线圈而制成的;图 2.12（c）为棒形结构,这种结构的电感器与传统的卧式棒形电感器基本相同,是在棒形磁芯上绕线而成的,只是它用适应表面组装用端电极代替了插装用的引线;图 2.12（d）为腔体结构,这种结构是把绕好的线圈放在磁性腔体内,加上磁盖板和端电极而成。

**（2）多层型片式电感器**

多层型片式电感器和多层片式瓷介电容器外形相似。制造时由铁氧体浆料和导电浆料交替印刷叠层后,经高温烧结形成具有闭合磁路的整体。导电浆料经烧结后形成的螺旋式导电带,相当于传统电感器的线圈,被导电带包围的铁氧体相当于磁芯,导电带外围的铁氧体使磁路闭合。

多层型片式电感器的制造关键是相当于线圈的螺旋式导电带。导电带常用的加工方法有交替法、分部法、印刷法和叠片通孔过渡法。此外,低温烧结铁氧体材料,选择适当的黏合剂种类和含量也是非常重要的。

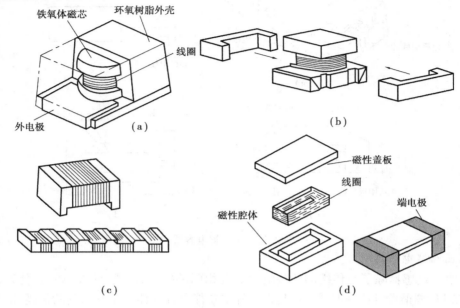

图 2.12　绕线型片式电感器

多层型片式电感器的特点如下:

①线圈密封在铁氧体中并作为整体结构,可靠性高。

②磁路闭合,磁通量泄漏很少,不干扰周围的元器件,不易受邻近元器件的干扰,适宜高密度安装。

③无引线,可做到薄型化、小型化。

多层型片式电感器广泛应用在音响、汽车电子、通信、混合电路中。

(3)卷绕型片式电感器

卷绕型片式电感器是在柔性铁氧体薄片(生料)上印刷导体浆料,然后卷绕成圆柱形,烧结后形成的一个整体,做上端电极即可。

和绕线型片式电感器相比,它的尺寸较小,某些卷绕型片式电感器可用铜或铁做电极材料,成本较低。但因为是圆柱体的,组装时接触面积较小,所以表面组装性不甚理想,目前应用范围不大。

### 2.1.3　表面组装有源器件(SMD)

表面组装有源器件(SMD)主要有半导体分立器件和集成电路两类。

1)半导体分立器件

半导体分立器件包括各种分立半导体器件,有二极管、晶体管、场效应管,也有由两只或三只晶体管、二极管组成的简单复合电路。

(1)小外形封装二极管

二极管是一种单向导电性组件,单向导电性是指当电流从它的正向流过时,它的电阻极小;当电流从它的反向流过时,它的电阻很大。二极管是一种有极性的组件,其外壳有的用玻璃封装,有的用塑料封装。

　　SMD 二极管有无引线柱形玻璃封装和片状塑料封装两种,如图 2.13 所示,其中,图 2.13(a)为无引线柱形玻璃封装,图 2.13(b)为片状塑料封装。无引线柱形玻璃封装二极管是将管芯封装在细玻璃管内,两端以金属帽为电极,尺寸有 $\phi 1.5 \ \text{mm} \times 3.5 \ \text{mm}$ 和 $\phi 2.7 \ \text{mm} \times 5.2 \ \text{mm}$ 两种。

(a)无引线柱形玻璃封装　　(b)片状塑料封装

图 2.13　SMD 二极管

（2）小外形封装三极管

　　三极管是半导体基本元器件之一,具有电流放大作用,是电子电路的核心组件。三极管是在一块半导体基板上制作两个相距很近的 PN 结,两个 PN 结把整块半导体分成 3 部分,中间部分是基区,两侧部分是发射区和集电区,排列方式有 PNP 和 NPN 两种。

　　三极管采用带有翼形短引线的塑料封装,可分为 SOT-23、SOT-89、SOT-143、SOT-252 等尺寸结构,常见三极管的封装如图 2.14 所示。

(a)SOT-23　　　　(b)SOT-89　　　(c)SOT-143

图 2.14　封装三极管的外形

①SOT-23

　　SOT-23 是最常用的三极管封装形式,它有 3 条翼形引脚,分别属于发射极、集电极和基极。基极单独在一侧,而发射极、集电极位于另一侧。SOT-23 工作功率为 150~300 mW,适用于低功率的场合。这类封装常见于小功率晶体管、场效应管等。

②SOT-89

　　SOT-89 具有 3 条薄的短引脚,发射极、集电极和基极分布在晶体管的同一侧,另外一侧为金属散热片和基极相连。SOT-89 工作功率为 300 mW~2 W,适用于较高功率的场合。

③SOT-143

　　SOT-143 具有 4 条翼形短引脚,引脚宽度偏大的一端为集电极。这类封装常见于双栅场效应管和高频晶体管等。

2）集成电路

　　集成电路(Integrated Circuit,IC)是一种微型电子器件或部件。采用一定的工艺,把一个电路中所需的晶体管、二极管、电阻、电容和电感等元件及布线互连在一起,制作在一小块或几小块半导体晶片或介质基片上,然后封装在一个管壳内,成为具有所需电路功能的微型结构。其中,所有元件在结构上已组成一个整体,这样,整个电路的体积大大缩小,且引出线和焊接点的数目也大为减少,从而使电子元件向着微小型化、低功耗和高可靠性方面迈进了一大步。

集成电路具有体积小、质量小、引出线和焊接点少、寿命长、可靠性高、性能好等优点,同时成本低,便于大规模生产。它不仅在工、民用电子设备如收录机、电视机、计算机等方面得到广泛的应用,在军事、通信、遥控等方面也得到广泛的应用。用集成电路来装配电子设备,其装配密度比晶体管可提高几十倍至几千倍,提高了设备的稳定工作时间。

集成电路的封装是指安装半导体集成电路芯片用的外壳,它不仅起着安放、固定、密封、保护芯片和增强电热性能的作用,还是沟通芯片内部和外部电路的桥梁,芯片上的接点用导线连接到封装外壳的引脚上,这些引脚又通过印制电路板上的导线与其他元器件建立连接。

封装时主要考虑的因素有:为了提高封装效率,芯片面积与封装面积之比尽量接近1:1;引脚要尽量短,以减少延迟,引脚间的距离尽量远,以保证互不干扰,提高性能;基于散热的要求,封装越薄越好。

表面组装集成电路按照封装方式不同,主要分为小外形封装(SOP)、小外形J形引脚封装(SOJ)、方形扁平式封装(QPF)、塑料扁平组件式封装(PFP)、无引线陶瓷芯片载体封装(LCCC)、塑料有引线芯片载体(PLCC)、插针网格阵列封装(PGA)、球栅阵列封装(BGA)等,见表2.7。

表2.7　表面组装集成电路封装形式

| SMD 类型 | 中文名称 | 英文全称 | 英文简称 |
|---|---|---|---|
| IC 器件 | 小外形封装 | Small Outline Package | SOP |
| | 小外形J形引脚封装 | Small Outline J-lead | SOJ |
| | 塑料有引线芯片载体封装 | Plastic Leaded Chip Carrier | PLCC |
| | 无引线陶瓷芯片载体封装 | Leadless Ceramic Chip Carrier | LCCC |
| | 方形扁平封装 | Quad Flat Package | QFP |
| | 球栅阵列封装 | Ball Gird Array | BGA |
| | 芯片尺寸封装 | Chip Scale Package | CSP |
| | 塑料方形扁平无引脚封装 | Plastic Quad Flat No-lead | PQFN |

（1）SOP

小外形封装集成电路又称 SOIC（Small Outline Integrated Circuit），其引线对称分布在器件的两侧,SOIC 封装有两种不同的引脚形式:一种是翼形引脚的 SOP,另一种是 J 形引脚的 SOJ。两种封装结构,如图 2.15 所示。

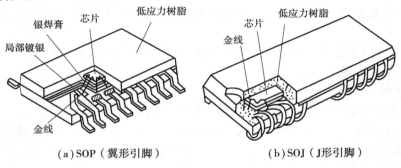

（a）SOP（翼形引脚）　　　　（b）SOJ（J形引脚）

图 2.15　SOP 和 SOJ 封装结构

引线比较少的小规模集成电路大多采用 SOP,引脚间距一般为 1.27 mm,封装材料有塑料和陶瓷两种。SOP 标准有 SOP-8、SOP-16、SOP-20、SOP-28 等,SOP 后面的数字表示引脚数,SOP 的引脚间距有 1.27、1.0、0.8、0.65 和 0.5 mm 等。

（2）QFP

矩形四边都有电极引脚的 SMD 集成电路称为 QFP,QFP(Quad Flat Package)的芯片引脚之间距离很小,管脚很细,一般大规模或超大型集成电路都采用这种封装形式,其引脚数一般在 100 个以上。用这种形式封装的芯片需采用焊接技术将芯片与电路板焊接起来,在电路板表面有设计好的相应管脚的焊盘,将芯片各脚对准相应的焊盘,即可实现与主板的焊接。用这种方法焊上去的芯片,如果不用专用工具很难拆卸下来。

QFP 是一种塑封多引脚器件,四边有引脚,通常为翼形引脚,其封装结构如图 2.16 所示。

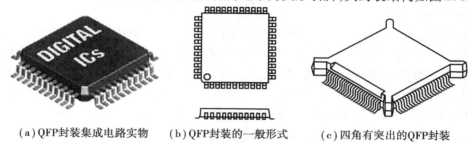

（a）QFP 封装集成电路实物　（b）QFP 封装的一般形式　（c）四角有突出的 QFP 封装

图 2.16　QFP 封装结构

（3）LCCC

无引线陶瓷芯片载体封装(Leadless Ceramic Chip Carrier,LCCC)是陶瓷芯片载体封装的 SMD 集成电路中没有引脚的一种封装,如图 2.17 所示。芯片被装在陶瓷载体上,无引线的电极焊端排列在封装底面上的四边,电极数目为 18 ~ 156 个,引脚间距有 1.0 mm 和 1.27 mm 两种。

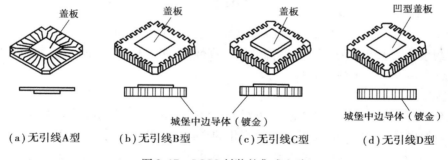

（a）无引线 A 型　（b）无引线 B 型　（c）无引线 C 型　（d）无引线 D 型

图 2.17　LCCC 封装的集成电路

LCCC 引出端子的特点是在陶瓷外壳侧面有类似城堡状的金属化凹槽和外壳底面镀金电极相连,提供了较短的信号通路,电感和电容损耗较低,可用于高频工作状态。LCCC 集成电路的芯片是全密封的,可靠性高但价格高,用于高速、高频集成电路封装,主要用于军用产品中。

（4）PLCC

塑封有引线芯片载体封装(Plastic Leaded Chip Carrier,PLCC)是集成电路的有引脚塑封芯片载体封装,它的引脚向内钩回,称为钩形(J 形)电极,PLCC 封装如图 2.18 所示,其电极引脚数目为 16 ~ 84 个,引脚间距为 1.27 mm。

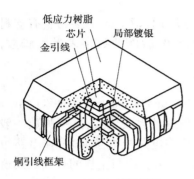

低应力树脂
芯片
金引线
局部镀银
铜引线框架

图 2.18 PLCC 封装结构

PLCC 封装的集成电路大多是可编程的存储器。芯片可以安装在专用的插座上,容易取下来对其中的数据进行改写。为了降低插座的成本,PLCC 芯片也可以直接焊接在电路板上,但用手工焊接比较困难。

(5) BGA 封装

随着集成电路技术的发展,对集成电路的封装要求更加严格。封装技术关系着产品的功能性,当 IC 的频率超过 100 MHz 时,传统封装方式可能会产生所谓的"串扰(Cross Talk)"现象,而且当 IC 的管脚数大于 208 脚时,传统的封装方式有其困难度。除使用 QFP 方式外,现今大多数的多引脚芯片(如芯片组等)都转而使用 BGA(Ball Grid Array Package)封装技术。

BGA 封装是将原来器件 PLCC/QFP 封装的 J 形或翼形电极引脚,改变成球形引脚,把从器件本体四周"单线性"顺列引出的电极,变成本体底面之下"全平面"式的格栅阵排列。这样,既可以疏散引脚间距,又能够增加引脚数目。目前,使用较多的 BGA 的 I/O 端子数为 72 ~ 736 个,预计将达到 2 000 个。焊球阵列在器件底面可以呈完全分布或部分分布,焊球的节距通常为 1.5、1.0 和 0.8 mm,图 2.19 为 BGA 方式封装的大规模集成电路。

图 2.19 BGA 方式封装的大规模集成电路

BGA 封装成为 CPU、主板上芯片等高密度、高性能、多引脚封装的最佳选择。BGA 是大规模集成电路中一种极富生命力的封装方法。

(6) CSP

CSP(Chip Scale Package)是指芯片级封装。CSP 是新一代的内存芯片封装技术,其技术性能有了新的提升,CSP 是 BGA 进一步微型化的产物。CSP 可以让芯片面积与封装面积之比超过 1:1.14,已经相当接近 1:1 的理想情况,绝对尺寸也仅有 32 mm$^2$,约为普通 BGA 的 1/3,仅相当于 TSOP 内存芯片面积的 1/6。与 BGA 封装相比,同等空间下 CSP 可以将存储容量提高 3 倍。CSP 产品的主要特点是封装体尺寸小。

CSP 内存体积小,同时也更薄,其金属基板到散热体的最有效散热路径仅有 0.2 mm,大大提高了内存芯片在长时间运行后的可靠性,线路阻抗显著减小,芯片速度也随之得到大幅度提高。

(7) PQFN

PQFN(Plastic Quad Flat No-lead)是指塑料方形扁平无引脚封装,是基于 JEDEC 标准方形扁平无引脚(Quad Flat No-lead,QFN)的热性能增强版本,PQFN 封装在四周底侧装有金属化端子。PQFN 封装的元件底部不是焊球,而是金属引脚框架。PQPN 是一种无引脚封装,呈正方形或矩形,封装底部中央位置有一个大面积的裸露焊盘,提高了散热性能。

PQFN 封装具有良好的电性能和热性能,具有体积小、质量小等特点,PQFN 适用于高密度电子产品。

集成电路按照不同封装方式可以分成多种不同的集成电路芯片,各自具备不同的特点,见表2.8。

表 2.8　常见集成电路封装形式的特点

| 封装形式 | 结构特点 |
| --- | --- |
| SOP | 两侧引出引线,是翼形结构 |
| SOJ | 两侧引出引线,是钩形结构 |
| PLCC | 四侧引出,但带钩形引线 |
| LCCC | 不带引线,多引出端的高可靠封装 |
| QFP | 四侧引出,带翼形引线 |
| BGA | 引脚为球形,在芯片底部 |
| CSP | BGA 的进一步微型化,封装尺寸小 |
| PQFN | 无引脚封装,呈正方形或矩形 |

### 2.1.4　表面组装元器件的包装

表面组装元器件的大量应用和高速度、高密度、自动化的贴装要求,促进了表面组装元器件包装技术的发展。表面组装元器件的包装形式多样,一般分为 4 种,即编带包装、棒式包装、托盘包装和散装。

1)编带包装

编带包装是应用最广泛的、贴装效率较高的包装形式。除了 QFP、LCCC、PLCC、BGA 等大型器件外,其余元器件均可采用编带包装形式。常见的编带形式主要有纸质编带和塑料编带等。

(1)纸质编带

纸质编带由底带、载带、元件、盖带及绕盘组成,纸质编带的结构如图 2.20 所示。

纸质编带中的定位孔,以供供料器上齿轮驱动;矩形孔为载料腔,元件放上后卷绕在料盘上;定位孔间距一般为 4 mm;纸带宽度一般为 8 mm。一般纸带宽度和定位孔距为 4 的倍数,可以对应相应的规格标准。

纸质编带主要包装较小型的矩形片式元件,如片式电阻、片式电容、圆柱状三极管等。某企业的常见片式元件包装见表2.9。

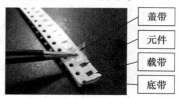

图 2.20　纸质编带

表 2.9　某企业的常见片式元件包装

| 包装标示 | 含义 | 对应物料包装 |
|---|---|---|
| P/N | 物料料号 | |
| DESC | 物料描述 | |
| SPEC | 物料规格 | |
| QTY | 数量 | |
| MAKER | 生产厂家 | |
| VENDER | 销售商 | |
| D/C | 生产周期 | |
| LOT | 生产批号 | |

常见贴片电阻物料规格中对应的编码规则见表 2.10,对应表 2.10 来确定贴片电阻的规格。例如,RC 0402 F R-07 56R L 表示电阻,封装尺寸 0402,阻值 56 Ω,精度为 ±1%,7 in 纸质编带,属于无铅产品。

表 2.10　常见贴片电阻的编码规则

| | XXXX | X | X | X | XX | XXXX | L |
|---|---|---|---|---|---|---|---|
| RC | 封装尺寸<br>0201<br>0402<br>0603<br>0805 | 精度<br>F:1%<br>J:5% | 包装<br>R:纸编带 | 温度系数 | 编带大小<br>07:7 in<br>10:10 in<br>13:13 in | 阻值<br>如 5R6<br>56R<br>560R | 终端类型<br>L:无铅 |

常见贴片电容物料规格中对应的编码规则见表 2.11,对应表 2.11 来确定贴片电容的规格。例如,C1206 X7R 102 K T 表示电容,封装规格 1206,材质 X7R,容值代码为 102,K 代表精度为 ±10%,包装方式为编带方式。

表 2.11　常见贴片电容的编码规则

| | XXXX | XXX | XX | XXX | X | X |
|---|---|---|---|---|---|---|
| C | 封装尺寸:<br>0402<br>0603<br>0805<br>1206<br>1210<br>… | 材质:<br>X5R<br>Y5V<br>X7R<br>COG | 额定电压:<br>0J:6.3 V<br>1A:10 V<br>1C:16 V<br>1E:25 V<br>1H:50 V | 容值代码 | 精度范围:<br>C:±0.25 pF<br>D:±0.5 pF<br>J:±5%<br>K:±10%<br>M:±20% | 包装方式:<br>T:编带包装<br>B:散包装 |

(2)塑料编带

塑料编带由载带、盖带及绕盘组成,塑料编带的结构如图 2.21 所示,将塑料编带绕在绕盘组上形成编带包装。

塑料编带中的定位孔,以供供料器上齿轮驱动;矩形孔为载料腔,元件放上后卷绕在料盘上,料盒层凸形;定位孔间距一般为 4 mm;塑料带宽度一般为 8、12 mm 等。一般纸带宽度和定位孔距为 4 的倍数,可以对应相应的规格标准。

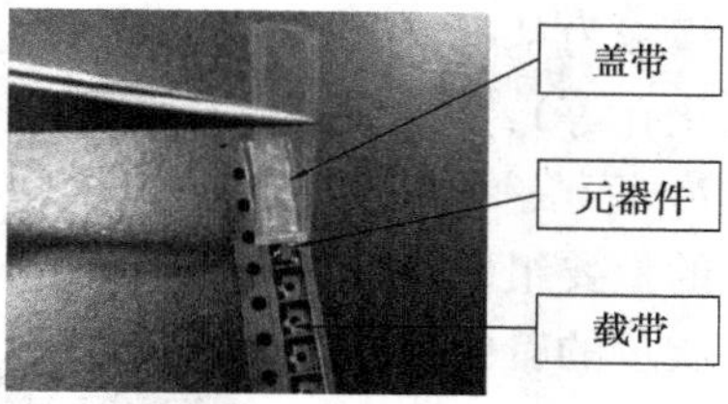

塑料编带主要包装一些比纸质编带包装稍大的元器件,包括矩形、圆柱形、异形 SMC 和小型 SOP 等。

图 2.21 塑料编带

2)棒式包装

棒式包装(Stick)又称管式(Tube)包装,管式包装为一根长管,如图 2.22 所示。内腔为矩形,包装矩形元件;内腔为异形,包装异形元件。

棒式包装主要包装一些矩形、片式元件和小型 SMD 以及异形元件等,如 SOP、SOJ、PLCC 等集成电路,适用于品种多、批量小的产品。

3)托盘包装

托盘包装(Tray)又称华夫盘(Waffle),是通过矩形隔板将托盘分割成规定的空腔部分,再将器件逐一装入盘内,如图 2.23 所示。

图 2.22 管式包装

图 2.23 托盘包装

托盘包装主要包装体形较大或引脚易损坏的元器件,如 BGA、PLCC、LCCC、QFP 等 IC 器件,适用于品种多、批量小的产品。

4)散装

散装是将片式元器件自由地封入成型的塑料盒或袋内,这种包装方式成本低、体积小,但是适用范围小,不利于自动化设备的拾取与贴装。

不同的包装形式对应不同的上料器,一般的上料器是指 Feeder。Feeder 的选用一般根据元器件的型号、规格尺寸等来选择。

## 2.2 表面组装印制电路板 SMB

### 2.2.1 印制电路板的基本知识

1)印制电路板及功能

印制电路板(Printed Circuit Board,PCB),又称印刷电路板、印刷线路板,简称印制板,是以绝缘板为基材,切成一定尺寸,其上至少附有一个导电图形,并布有孔(如元件孔、紧固孔、金属化孔等),用来代替以往装置电子元器件的底盘,并实现电子元器件之间的相互连接,如图2.24 所示。这种板是采用电子印刷术制作的,被称为"印刷"电路板。PCB 设计是表面组装技术的重要组成之一,PCB 设计质量是衡量表面组装技术水平的一个重要标志,是保证表面组装质量的首要条件之一。

图 2.24　印制电路板

印制电路板在电子产品制作中具有以下功能:

(1)元件固定、机械支撑

提供电路中各种电子元器件的固定、装配,实现机械支撑。

(2)电气互连

实现电路中各种电子元器件之间的布线和电气连接,实现电子元器件之间的导电与绝缘作用。

(3)电子特性

提供所要求的电子特性,如特性阻抗的功能。

(4)图形标志

为自动焊接提供阻焊图形,为元件插装、贴装、检查、维修提供识别符号和图形。

2)印制电路板的组成

印制电路板的组成要素主要包含覆铜板(CCL)、铜箔导线、焊盘、过孔、Mark 点和其他辅助性说明信息,如一些图形或文字。

(1)覆铜板(CCL)

SMB 一般是由铜箔和基板构成的,基板又称覆铜箔层压板,是由木浆纸或玻纤布等作为增强材料,浸以树脂,单面或双面覆以铜箔,经热压而成的一种产品,简称覆铜板(Copper Clad Laminate,CCL),如图2.25 所示。覆铜板分单层覆铜板、双面覆铜板和多层覆铜板。

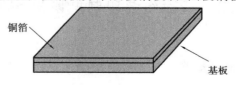

铜箔

基板

图 2.25　覆铜板

覆铜板制作基材的材料主要有两大类:一类是有机基板材料;另一类是无机基板材料。无机基板材料主要是指陶瓷电路基板,有机基板材料多采用高分子聚合物,其中环氧玻璃纤维电路基板最为常用。选择基材应根据 PCB 的使用条件和机械、电气性能要求来选择。

（2）铜箔导线

覆铜板基板原本覆盖整个铜箔,在制作过程中部分被蚀刻处理后,留下的部分变成网状的细小线路,这些线路被称为导线或布线,导线主要用来提供 PCB 上零件的电路连接,是 PCB 的重要组成部分,导线的宽度主要取决于承载电流的大小和铜箔的厚度。

（3）焊盘

焊盘是印制电路板上用来焊接元器件引线的铜箔,焊盘用于焊接元器件实现电气连接并起到固定元件的作用。焊盘的参数主要有形状、外径和孔径等。

（4）过孔

过孔也称金属化孔。在双面板和多层板中,为连通各层之间的印制导线,在各层需要连通导线的交汇处钻上一个公共孔,即过孔。过孔的参数主要有孔的外径和钻孔尺寸。

过孔用于实现不同工作层间的电气连接,过孔内壁作金属化处理。过孔仅提供不同层间的电气连接,与元件引脚的焊接及固定无关。过孔主要分为 3 种:从顶层贯穿到底层的过孔为通孔;只实现顶层或底层与中间层连接的过孔为盲孔;只实现中间层连接,而没有穿透顶层或底层的过孔为埋孔。

（5）Mark 点

Mark 点是 SMT 生产时 PCB 的定位标记,是为提高贴装精度而设定的。Mark 点的形状可以是圆形、方形、菱形等,以圆形为主。

3）表面组装印制电路板 SMB 的特点

用于表面组装技术（SMT）的 PCB 称为 SMB（Surface Mount Printed Circuit Board）,SMB 和传统意义上的 PCB 有一定的区别。

（1）SMB 与传统 PCB 的区别

①SMT 工艺与传统插装工艺有很大区别,对 PCB 设计有专门要求。除了满足电性能、机械结构等常规要求外,还要满足 SMT 自动印刷、自动贴装、自动焊接和自动检测要求。特别要满足回流焊工艺特点的要求。

②SMT 具有全自动、高速度、高效益的特点,不同厂家的生产设备对 PCB 的形状、尺寸、夹持边、定位孔、基准标志图形的设置等有不同的规定。

（2）SMB 的特点

①高密度

引脚中心距由 1.27 mm 过渡到 0.5 mm,甚至 0.3 mm,SMB 要求细线、窄间距,线宽从 0.2 ~ 0.3 mm 缩小到 0.15、0.1 mm,甚至 0.05 mm,细线、窄间距极大地提高了 PCB 的安装密度。

②小孔径

目前,SMB 上的孔径直径为 0.46 ~ 0.3 mm,并向 0.2 ~ 0.1 mm 方向发展,与此同时,出现了以盲孔和埋孔技术为特征的内层中继孔。

③热膨胀系数（CTE）低

SMD 器件引脚多且短,器件本体与 PCB 之间的 CTE 不一致。由于热应力而造成器件损坏的事情经常发生,因此,要求 SMB 基材的 CTE 应尽可能低,以适应与器件的匹配性。

④耐高温性能好

SMT 在焊接过程中,经常需要双面贴装元器件,要求 SMB 能耐两次回流焊温度,并要求 SMB 变形小、不起泡。

⑤平整度高

SMB 要求很高的平整度,以便 SMD 引脚与 SMB 焊盘密切配合,SMB 焊盘表面涂覆层不再使用 Sn/Pb 合金热风整平工艺,而是采用镀金工艺或者预热助焊剂涂覆工艺。

(3)表面组装印制电路板的分类

按照电路板基材分类,可以分为有机类和无机类。其中,有机类基板主要是覆铜箔层压板,无机类基板主要是陶瓷板和瓷釉包覆钢基板。

按照制作基板的介质材料刚柔性分类,可以分为刚性印制电路板、柔性印制电路板、刚-柔性印制电路板。其中,刚性印制电路板具有一定的机械强度,能够起到支撑作用;柔性印制电路板可弯曲、折叠、卷绕,散热性好;刚-柔性印制电路板结合了刚性印制电路板和柔性印制电路板的特点,主要用于刚性印制电路板和柔性印制电路板的电气连接处。

按照覆箔板的层数分类,可以分为单面板、双面板和多层板。单面板是指只有一面覆有导电图形的印制电路板;双面板是指双面都覆有导电图形的印制电路板;多层板是指含有多层铜箔,层与层之间电气连接通过金属化过孔来实现。

### 2.2.2 表面组装印制电路板 SMB 的工艺设计

表面组装印制电路板 SMB 的工艺设计主要包含 PCB 外观设计、元器件布局设计、布线设计、焊盘设计等。

1)PCB 外观设计

(1)PCB 的外观尺寸

PCB 的外观形状简单,一般为长宽比不大的矩形,常见的长宽比为 3∶2 或 4∶3。从表 2.12 可知,PCB 板的厚度、最大宽度、最大长宽比,以厚度 1.0 mm 为例,最大宽度为 100 mm,最大长宽比为 3.0。

表 2.12 PCB 板的厚度、最大宽度和最大长宽比

| 厚度/mm | 最大宽度/mm | 最大长宽比 |
|---|---|---|
| 0.8 | 50 | 2.0 |
| 1.0 | 100 | 2.4 |
| 1.6 | 150 | 3.0 |
| 2.4 | 300 | 4.0 |

(2)PCB 上的定位孔、工艺边及基准标记

①定位孔

定位孔的作用主要是对设备进行夹持和定位;定位孔成对设计,成对出现,至少两个;定位孔中心距边框 5 mm;定位孔的形状以圆形为主,尺寸一般为 3.2 mm,适合不同机器使用;在定位孔周围 2 mm 以内应无铜箔;定位孔应设置在工艺边上。

②工艺边

工艺边便于设备的夹持和定位;若PCB板两侧夹持边5 mm以上不贴元器件时,可不用专设工艺边,否则,可在印制板沿贴装流动的长度方向,增设工艺边,宽度为5～8 mm,生产结束后去掉。

③基准标记——Mark点

基准标记有印制板图像识别标志PCB Mark和器件图像识别标志IC Mark,其中,PCB Mark是SMT生产时PCB的定位标记,一般在电路板的对角成对设置;IC Mark是贴装大型IC器件的标记,一般在IC芯片贴装位置的中心或者对角位置成对设置。

Mark点的优选形状为直径为1 mm(±0.2 mm)的实心圆,Mark点的材料可以为裸铜、镀金、镀锡,Mark点的镀层要求均匀、平整、光滑。

2)元器件布局设计

布局是按照电原理图的要求和元器件的外形尺寸,将元器件均匀整齐地布置在PCB上,并能满足整机的机械和电气性能要求。布局合理与否不仅影响PCB组装件与整机的性能和可靠性,还影响PCB及其组装件加工和维修的难易度,布局时尽量做到以下几点:

①元器件分布均匀、排在同一电路单元的元器件应相对集中排列,以便调试和维修。

②有相互连线的元器件应相对靠近排列,有利于提高布线密度和保证走线距离最短。

③对热敏感的元器件,布置时应远离发热量大的元器件。

④相互可能有电磁干扰的元器件应采取屏蔽或隔离措施。

3)布线设计

(1)布线规则

布线是按照电原理图和导线表以及需要的导线宽度与间距布设印制导线,基本原则如下:

①印制线的走向:尽可能取直,以短为佳,不要绕远。

②印制线的弯折:走线平滑自然,连接处用圆角,避免用直角。

③双面板上的印制线:两面的导线应避免相互平行;作为电路输入与输出用的印制导线应尽量避免相互平行,且在这些导线之间最好加接地线。

④印制线作地线:尽可能多地保留铜箔作公共地线,且布置在PCB的边缘。

⑤倒角规则:PCB设计中应避免产生锐角和直角。

(2)布线设计原则

①在满足使用要求的前提下,选择布线方式的顺序为单层→双层→多层。

②两个连接盘之间的导线布设尽量短,敏感的信号、小信号先走,以减少小信号的延迟和干扰;模拟电路的输入线旁应布设接地线屏蔽;同一层导线的布设应分布均匀;各导线上的导电面积要相对均衡,以防板子翘曲。

③信号线改变方向应走斜线或圆滑过渡,而且曲率半径大一些好,避免电场集中、信号反射和产生额外的阻抗。

④数字电路与模拟电路在布线上应分隔开,以免互相干扰,如在同一层则应将两种电路的地线系统和电源系统的导线分开布设,不同频率的信号线中间应布设接地线隔开,避免发生串扰。为了测试方便,设计上应设定必要的断点和测试点。

⑤电路元件接地、接电源时走线要尽量短、尽量近,以减少内阻。

⑥上下层走线应互相垂直,以减少耦合,切忌上下层走线对齐或平行。

⑦高速电路的多根 I/O 线以及差分放大器、平衡放大器等电路的 I/O 线长度应相等,以避免产生不必要的延迟或相移。

⑧焊盘与较大面积导电区相连接时,应采用长度不小于 0.5 mm 的细导线进行热隔离,细导线宽度不小于 0.13 mm。

4)焊盘设计

焊盘设计时应遵循以下原则:

①自行设计焊盘时,凡是对称使用的焊盘(如片状电阻、电容、SOIC、QFP 等)设计时应严格保持其全面的对称性,即焊盘图形的形状尺寸应完全一致,以及图形所处的位置应完全对称。

②对同一种器件,焊盘设计采用封装尺寸最大值和最小值为参数,计算焊盘尺寸,保证设计结果适用范围宽。

③焊盘设计时,焊点可靠性主要取决于长度而不是宽度。

④焊盘设计要适当:太大则焊料铺展面较大,形成的焊点较薄;较小则焊盘铜箔对熔融焊料的表面张力太小,当铜箔的表面张力小于熔融焊料表面张力时,形成的焊点为不浸润焊点。

⑤焊盘内不允许印有字符和图形标志,标志符号离焊盘边缘距离应大于 0.5 mm。凡无外引脚器件的焊盘,其焊盘之间不允许有通孔,以保证清洗质量。

⑥两个元件之间不应使用单个大焊盘,避免锡量过多,熔融后拉力大,将元件拉到一侧。

⑦对引脚中心距为 0.65 mm 及其以下的细间距元件,应在焊盘图形的对角线方向上,增设两个对称的裸铜基准标志,用于光学定位。

⑧对每个元器件正确标注所有引脚的顺序号,以避免引线接脚混淆。

⑨焊盘与较大面积的导电区(如地、电源等平面)相连时,应通过一较细导线进行热隔离,一般宽度为 0.2 ~ 0.4 mm,长度约为 0.6 mm。

⑩波峰焊时焊盘设计一般比回流焊大,波峰焊中的元件用贴片胶固定,焊盘稍大,不会危及元件的移位和直立,能减少波峰焊"遮蔽效应"。

# 2.3 表面组装工艺材料

## 2.3.1 贴片胶

表面组装技术有两种基本的工艺流程:一种是锡膏-回流焊工艺;另一种是贴片胶-波峰焊工艺。其中,贴片胶-波峰焊工艺的重要步骤是将片式元器件采用贴片胶粘合在 PCB 的一面,而 PCB 的另一面插装通孔元器件。贴片胶的作用是在波峰焊前把表面组装元件暂时固定在 PCB 的相应焊盘图形上,以免波峰焊时引起元件偏移或者脱落,如图 2.26 所示。

贴片胶是一种聚烯化合物,与锡膏不同的是其受热后便固化,其凝固点温度为 150 ℃。当加热温度达到 150 ℃时,贴片胶就开始由膏状体直接变成固体。常温下,贴片胶是流体,贴片胶具有黏度流动性、温度特性、湿润特性、绝缘性等。在生产中,贴片胶使元器件牢固地粘贴于 PCB 表面,目的是防止元器件从 PCB 表面上掉落,要注意贴片胶一定不能粘在焊盘上。

图 2.26　贴片胶

1）贴片胶的组成

贴片胶主要由基体树脂、固化剂和固化剂促进剂、增韧剂、填料组成，其中，基体树脂是贴片胶的核心，一般是用环氧树脂和丙烯酸酯类聚合物等；固化剂和固化剂促进剂可以促进贴片胶进而固化，使元器件固定在 PCB 上；增韧剂可以弥补基本树脂固化后较脆的缺陷；填料可以改善贴片胶的性能，提高贴片胶的电绝缘性能和耐高温性能。

2）贴片胶的分类

（1）按基体材料分

贴片胶按基体材料可以分为环氧树脂类型和丙烯酸酯贴片胶。

（2）按功能分

贴片胶按功能可以分为结构型、非结构型和密封型三大类。结构型贴片胶具有较高的机械强度，能在一定的荷重下进行粘接；非结构型贴片胶一般用于暂时固定质量较小的物体；密封型贴片胶用来粘接两种不受荷重的物体。

（3）按化学性质分

贴片胶按化学性质可以分为热固型、热塑性、弹性型和合成型。热固型贴片胶固化后再加热后不会软化；热塑性贴片胶固化后再加热后可以软化，形成新的黏合剂；弹性型贴片胶具有较大延展率；合成型贴片胶是由热固型、热塑性、弹性型按照一定比例配制而成。

（4）按使用方法分

贴片胶按使用方法可以分为针式贴片胶、注射式贴片胶、丝网漏印贴片胶等。

3）表面组装对贴片胶的存储及使用要求

为了确保表面组装的可靠性，贴片胶的存储与使用应符合以下要求：

①贴片胶应在 2～8 ℃的冰箱中低温避光密封保存，使用时从冰箱取出后，应使其温度与室温平衡后再打开容器，以防止贴片胶结霜吸潮。

②打开贴片胶瓶盖后，搅拌均匀后使用。

③使用后留在原包装容器中的贴片胶仍要低温密封保存。

④不同的点胶方式对贴片胶的黏度有不同的要求，在点胶后可采用手工贴片、半自动贴片或采用贴装机自动贴片，然后固化。

⑤贴片胶用量应控制适当。

4）表面组装对贴片胶的选用要求

①贴片胶的选用应根据工厂的设备状态及元件形状来决定。

②环氧树脂型贴片胶的特点:可用回流炉固化,只需添置低温箱;用于锡膏的工作环境均适用环氧树脂类;热固化,无阴影效应,适合不同形状的元器件。

③选用丙烯酸酯型贴片胶时,应满足的条件为:添置紫外灯;点胶位置有要求,胶点应分布在元器件外围,否则不易固化,且有阴影效应。

### 2.3.2 助焊剂

助焊剂是 SMT 焊接过程中不可缺少的辅料。在波峰焊中,助焊剂和焊锡分开使用;在回流焊中,助焊剂则作为锡膏的重要组成部分。焊接效果的好坏,除了与焊接工艺、元器件和 PCB 的质量有关外,助焊剂的选择十分重要。

1)助焊剂的组成

传统的助焊剂通常以松香为基体。松香具有弱酸性和热熔流动性,并具有良好的绝缘性、耐湿性、无腐蚀性、无毒性和长期稳定性,是不可多得的助焊材料。

目前,在 SMT 中采用的大多是以松香为基体的活性助焊剂。由于松香随着品种、产地和生产工艺的不同,其化学组成和性能有较大差异,因此,对松香优选是保证助焊剂质量的关键。通用的助焊剂还包括活性剂、成膜物质、添加剂和溶剂等成分。

(1)活性剂

活性剂是为提高助焊能力而加入的活性物质,它对焊剂净化焊料和被焊件表面起主要作用。

(2)成膜物质

加入成膜物质,能在焊接后形成一层紧密的有机膜,保护了焊点和基板,具有防腐蚀性和优良的电气绝缘性。常用的成膜物质有松香、酚醛树脂、丙烯酸树脂、氯乙烯树脂、聚氨酯等。一般加入量为 10% ~ 20%。

(3)添加剂

添加剂是为适应工艺和工艺环境而加入的具有特殊物理和化学性能的物质。

(4)溶剂

实用的助焊剂大多为液态,为此必须将助焊剂的固体成分溶解在一定的溶剂里,使之成为均相溶液,大多采用异丙醇和乙醇作为溶剂。

2)助焊剂的分类

(1)按助焊剂活性分类

助焊剂按活性可以分为低活性(R)、中等活性(RMA)、高活性(RA)和特别活性(RSA)4个等级,见表 2.13。

表 2.13 锡膏按焊剂的活性分类

| 标 识 | 类 型 | 应用范围 |
| --- | --- | --- |
| R | 低活性 | 高级电子产品 |
| RMA | 中等活性 | 民用电子产品 |
| RA | 高活性 | 可焊性差的元器件 |
| RSA | 特别活性 | 可焊性差的元器件 |

（2）按化学成分分类

助焊剂按化学成分可以分为松香系列焊剂、合成焊剂和有机焊剂。松香是最普遍的助焊剂；合成焊剂的主要成分为合成树脂，主要用于波峰焊中；有机焊剂属于腐蚀性焊剂，焊后必须从组件上去除。

（3）按残留物的溶解性能分类

助焊剂按残留物的溶解性可以分为有机溶剂清洗助焊剂、水清洗助焊剂、半水清洗助焊剂和免清洗助焊剂等。

3）助焊剂的作用

①去除焊接表面的氧化物或其他污染物。焊接前的首要任务是去掉焊接表面的氧化层，其中助焊剂中活性剂、有机卤化物、金属盐等均与表面氧化物发生反应，起到去除氧化物的作用。

②防止焊接时焊料与焊接表面再氧化。助焊剂可以使被焊金属和焊料表面与空气隔绝，这样可以有效防止金属在高温下再次氧化。

③降低熔融焊料的表面张力，促进焊料的扩张和流动。助焊剂在去除焊接表面氧化物时发生一定的化学反应，产生的能量降低了熔融焊料的表面张力和黏度，促进了焊料的扩张和流动。

④有利于热量传递到焊接区。助焊剂降低了熔融焊料的表面张力和黏度，促进焊料的扩张和流动，进一步促进热量传递，加快扩散速度。

4）助焊剂的选用

助焊剂的选用原则是助焊效果好、无腐蚀、高绝缘、无毒、性能稳定，具体选用要求要根据焊接工艺来定。

助焊剂的选用要求如下：

①不同的焊接方式需要不同状态的助焊剂。

②根据清洗方式不同选用不同类型的助焊剂。

③焊接对象焊接性好时，不必采用活性强的助焊剂。

④焊接对象焊接性不好时，必须采用活性强的助焊剂。

### 2.3.3　锡膏

锡膏是由合金焊料粉和糊状助焊剂均匀搅拌而成的膏状体，它是 SMT 工艺中不可缺少的焊接材料，广泛用于回流焊中。锡膏在常温下具有一定的黏性，可将电子元件初粘在既定的位置，在焊接温度下，随着溶剂和部分添加剂挥发，将被焊元件与 PCB 互连在一起形成永久连接。

1）锡膏组成

锡膏主要由合金焊料粉末（85% ～ 90%）和阻焊剂（10% ～ 15%）组成，如图 2.27 所示。合金焊料粉末是锡膏的主要成分，其中 Sn 和 Pb 是锡膏中的两种主要金属元素。锡膏的主要功能可以提供贴装元器件所需黏性，实现贴装元器件和电路的机械与电气连接。

以往，焊料的金属粉末主要是锡铅（Sn/Pb）合金粉末，其熔点约为 183 ℃。伴随着无铅化及绿色生产的推进，含铅锡膏逐渐退出 SMT 制程，对环境及人体无害的无铅化锡膏被业界所接受。

无铅焊料粉末成分由不含卤素的多种金属粉末组成，目前的几种无铅焊料配比有：锡

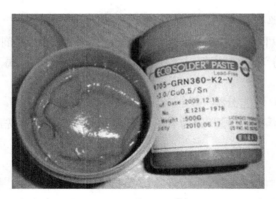

图 2.27　锡膏

（Sn）—银（Ag）—铜（Cu）、锡（Sn）—锑（Sb）—铜（Cu）—铋（Bi）、锡（Sn）—锌（Zn），其中锡（Sn）—银（Ag）—铜（Cu）配比的使用较为广泛，见表 2.14。

表 2.14　常见的无铅锡膏

| 种　类 | 熔　点 | 优　点 | 缺　点 |
|---|---|---|---|
| 锡（Sn）—银（Ag）—铜（Cu） | 217～219 ℃ | 具有良好的耐热疲劳性和蠕变性，熔化温度区域狭窄 | 冷却速度较慢，焊锡表面易出现不平整的现象 |
| 锡（Sn）—锑（Sb）—铜（Cu）—铋（Bi） | 219 ℃ | 熔点较 Sn-Ag-Cu 合金低，润湿性较 Sn-Ag-Cu 合金良好，拉伸强度大 | 熔化温度区域大 |
| 锡（Sn）—锌（Zn） | 199 ℃ | 低熔点，较接近有铅锡膏的熔点温度，成本低 | 润湿性差，容易被氧化且因时间加长而易发生劣化 |

　　锡膏具有黏性，常用的黏度符号为 $\mu$，单位为 P（泊）。印刷时，锡膏受到刮刀的推力作用，其黏度下降，当到达网板开口孔时，通过网板孔沉降到 PCB 的焊盘上。随着外力的停止，锡膏的黏度又迅速回升，这样就不会出现印刷成型的塌落和漫流现象，能得到良好的印刷效果。锡膏在印刷行程中，其黏性越低，流动性越好，易于流入钢网孔内；印刷后，锡膏停留在钢网孔内，其黏度高，则保持其填充的形状，而不会往下塌陷。

　　黏度是锡膏的一个重要特性，影响锡膏黏度的因素如下：

　　（1）锡膏合金粉末含量对黏度的影响

　　锡膏中合金粉末含量的增加会引起黏度的增加，锡膏中合金粉末含量的减少会引起黏度的降低。

　　（2）锡膏合金粉末颗粒大小对黏度的影响

　　锡膏合金粉末颗粒增大时黏度会降低，锡膏合金粉末颗粒较小时黏度会增加。

　　（3）温度对锡膏黏度的影响

　　当温度升高时，锡膏的黏度就会下降；当温度降低时，锡膏的黏度就会增加。印刷过程中锡膏的最佳环境温度为（23 ±3）℃。

（4）剪切（搅拌）速率对锡膏黏度的影响

当剪切速率增加时,锡膏的黏度就会下降;当剪切速率降低时,锡膏的黏度就会增加。

2）锡膏的分类

（1）按合金焊料粉的熔点分类

锡膏可以分为普通锡膏（熔点 178～183 ℃）、高温锡膏（熔点 250 ℃以上）和低温锡膏（熔点 150 ℃以下）,一般常用锡膏的熔点为 178～183 ℃。

（2）按焊剂的活性分类

锡膏可以分为无活性（R）、中等活性（RMA）和活性（RA）三个等级,见表 2.15。

表 2.15　锡膏按焊剂的活性分类

| 类　型 | 焊　剂 | 活性剂 | 应用范围 |
|---|---|---|---|
| R | 水白松香 | 非活性 | 航天、军事 |
| RMA | 松香 | 非离子性卤化物 | 军事 |
| RA | 松香 | 离子性卤化物 | 消费类电子产品 |

（3）按锡膏的黏度分类

锡膏按照黏度值分类,主要是为了适应不同工艺方法。应用范围主要用于模板印刷、丝网印刷等工艺方法,见表 2.16。

表 2.16　锡膏按锡膏的黏度分类

| 合金粉含量/% | 黏度值/(Pa·s) | 应用范围 |
|---|---|---|
| 90 | 350～600 | 模板印刷 |
| 90 | 200～350 | 丝网印刷 |
| 85 | 100～200 | 分配器 |

（4）按清洗方式分类

锡膏按照清洗方式分类,可以分为有机溶剂清洗、水清洗、半水清洗和免清洗等。

3）表面组装对锡膏的要求

①具有良好的保存稳定性。

②锡膏印刷时,具有优良的脱模性,锡膏不易坍塌,具有一定的黏度。

③回流焊时,有良好的润湿性能,不形成或形成少量的焊料球。

④回流焊后,固体含量越低越好,焊后容易清洗干净,焊接强度高。

4）锡膏使用注意事项

①储存温度:建议在冰箱内储存,温度为 5～10 ℃,请勿低于 0 ℃。

②出库原则:必须遵循先进先出的原则,切勿造成锡膏在冷柜存放时间过长。

③解冻要求:从冷柜取出锡膏后自然解冻至少 4 h,解冻时不能打开瓶盖。

④生产环境:建议在车间温度为（25±2）℃,相对湿度为 45%～65% RH 的条件下使用。

⑤搅拌控制:取已解冻好的锡膏进行搅拌。机器搅拌时间控制在约 3 min（视搅拌机转速而定）,手工搅拌约 5 min,以搅拌刀提起锡膏缓慢流下为准。

⑥开盖后的锡膏:开盖后的锡膏建议在 12 h 内用完,如需保存,请用干净的空瓶子来装,再密封放回冷柜保存。

⑦放在钢网上的膏量:第一次放在钢网上的锡膏量,以印刷滚动时不要超过刮刀高度的 1/2 为宜,做到勤观察、勤加次数少加量。

⑧印刷暂停时:如印刷作业需暂停超过 40 min 时,最好把钢网上的锡膏收在瓶子里,以免变干造成浪费。

⑨贴片后的时间控制:贴片后的 PCB 板要尽快过回流炉,最长时间不要超过 12 h。

⑩超过保质期的锡膏:超过保质期的锡膏不能使用。

### 2.3.4　清洗剂

SMT 焊接后,PCB 上总是存在不同程度的阻焊剂残留物以及其他污染物,这些残留物和污染物容易造成电路短路等诸多问题。电子焊接后必须进行清洗,清洗掉污染物。

清洗可去除焊剂残渣和其他污染物,使 SMT 产品满足对离子杂质污染物和表面绝缘电阻的要求。

1)清洗剂的分类

(1)水清洗剂

用水作为清洗剂来清除污染物,从而达到清洗和清洁的目的。

(2)溶剂型清洗剂

溶剂型清洗剂目前广泛采用以 CFC-113(三氟三氯乙烷)和甲基氯仿(三氯乙烷)为主体的清洗剂,此类溶剂型清洗剂适用于不能用水作清洗剂的污染物。

2)清洗剂的特点

一般来说,性能良好的清洗剂应当具有以下特点:

①脱脂效率高,对油脂、松香及其他树脂具有较强的溶解能力。

②较好的润湿性。

③不腐蚀金属材料,不损坏元件。

④易挥发。

⑤安全,不会对人体造成危害。

⑥残留量少,清洗剂不能污染印制电路板本身。

⑦稳定性好,在清洗过程中不会发生化学或物理作用,具有稳定性。

⑧必须注意安全存放。

3)SMT 对清洗剂的要求

①良好的稳定性。

②良好的清洗效果和物理性能。

③良好的安全性和低损耗。

## 习题与思考

1. 简述表面组装元器件的特点。
2. 描述矩形元件的分类情况。
3. 矩形电阻数字为"223"，用数码标志法来表征电阻值的大小。
4. 表面组装器件 SMD 中集成电路的封装形式有哪些及它们各自的特点是什么？
5. 描述表面组装元器件的包装形式。
6. 简述印制电路板的组成。
7. 简述表面组装印制电路板 SMB 的工艺设计。
8. 简述助焊剂的组成及作用。
9. 简述贴片胶的组成、分类及作用。
10. 简述锡膏的组成及作用。

# 第3章

# SMT 涂敷工艺技术

## 3.1 SMT 涂敷工艺原理

表面涂敷工艺是指把一定量的锡膏或者贴片胶按要求涂敷到 PCB 上的过程,即锡膏涂敷和贴片胶涂敷。锡膏涂敷工艺是利用涂敷设备和钢模板,将锡膏准确涂敷到 PCB 规定的位置上;贴片胶涂敷工艺是利用点胶或印刷设备,将贴片胶准确涂敷到 PCB 规定的位置上。锡膏涂敷为回流焊阶段的焊接过程提供焊料,是整个 SMT 电子装联工序中的第一道工序,也是影响整个工序直通率的关键因素之一。

1) 表面涂覆工艺分类

表面涂覆工艺按照涂覆方式不同可以分为印刷和滴涂,其中,印刷主要有模板印刷工艺和丝网印刷工艺;滴涂分为个别点涂覆工艺、整体点涂覆工艺和锡膏喷涂工艺。个别点涂覆工艺可以通过注射点涂来实现,整体点涂覆工艺可以通过针式转移来实现,锡膏喷涂工艺可以通过锡膏喷涂机来实现。

表面涂覆工艺按照涂覆材料不同可以分为锡膏涂覆和贴片胶涂覆,其中,锡膏涂覆通常采用模板/丝网印刷工艺、喷涂工艺、点涂工艺;贴片胶涂覆通常采用注射式工艺、针式转移工艺、模板/丝网印刷工艺。不管锡膏涂覆还是贴片胶涂覆,两者的优先选项都是模板/丝网印刷工艺。

2) 表面涂敷的常用方法

表面涂敷的方法有注射点涂法、丝网印刷法、模板印刷法,目前常用的方法是模板印刷法。

(1) 注射点涂法

注射点涂法是将锡膏或者贴片胶装入注射器中,通过挤压的方式或压力的形式使锡膏或者贴片胶掉落在 PCB 指定位置上,注射点涂机如图 3.1 所示。注射点涂中包含自动点涂和手工点涂,自动点涂适用于批量生产,手工点涂主要适用于极小批量生产。由于锡膏的流动性不好,所以注射点涂主要用于涂覆贴片胶。

(2) 丝网印刷法

丝网印刷法是一种非接触式印刷法,是在筛孔网板(丝网)和 PCB 之间设置一定的间隙(间隙印刷),利用刮刀将锡膏印刷到 PCB 电路板上,丝网印刷机如图 3.2 所示。

图 3.1　注射点涂机

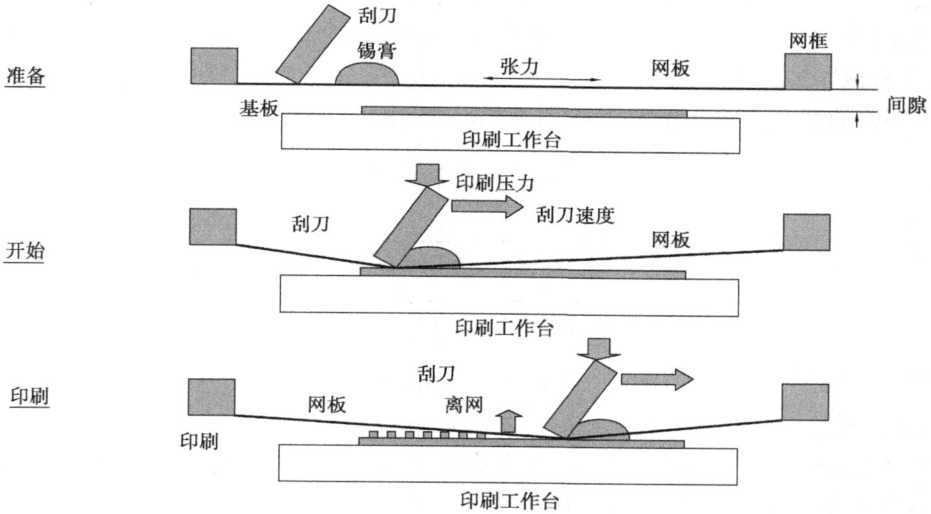

图 3.2　丝网印刷法

丝网印刷法的特征如下：

①丝网和 PCB 表面隔开一小段距离。

②刮刀前方的锡膏颗粒沿前进的方向滚动。

③丝网从接触到脱开 PCB 表面的过程中，锡膏从网孔转移到 PCB 表面上。

丝网印刷时刮刀容易损坏感光胶膜和丝网，使用寿命短，这种方法已经很少应用。

（3）模板印刷法

模板印刷法是一种接触式的印刷法，是指网板（金属模板）和基板直接接触（没有间隙）进行锡膏印制的一种方法。印刷时移动刮刀把锡膏填充到网板的开口部位，锡膏转移到基板上，如图 3.3 所示。

模板印刷法主要用于大批量生产、组装密度高及引脚多的产品。模板印刷质量比较好，金属模板一般为不锈钢模板,其使用寿命也比较长。

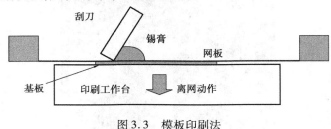

图 3.3　模板印刷法

# 3.2　模板印刷工艺

### 3.2.1　模板印刷基本工艺流程

1)模板印刷基本步骤

模板印刷的目的是使 PCB 上元器件焊盘在贴片和回流焊之前提供焊料分布,使贴片工艺中贴装的元器件能够粘在 PCB 焊盘上,同时,为 PCB 和元器件的焊接提供适量的焊料,以形成焊点,达到机械连接和电气连接。

整个印刷的基本步骤可分 5 个工序:夹紧对位、填锡、刮平、释放、擦网,如图 3.4 所示。

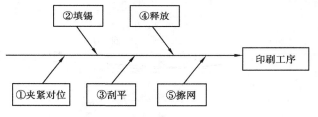

图 3.4　模板印刷基本步骤

(1)夹紧对位

PCB 经过运输带进入印刷机内,由两边轨道夹持和底部支撑顶针机械定位,光学识别系统对 PCB 进行识别校正,保证钢网的开口和 PCB 的焊盘准确对位。

(2)填锡和刮平

锡膏在刮刀前滚动前进,刮刀以一定的角度和钢网之间产生注入锡膏的压力,锡膏注入窗口,进而到达基板的焊盘上。刮刀带动锡膏刮过钢网的图案区,在这一过程中,必须让锡膏滚动和良好地填充,其影响因素包括锡膏的黏度、剪切力、颗粒度大小及钢网开口设计,这是印刷工艺中品质控制的关键因素之一。

(3)释放

通过夹紧对位、填锡、刮平等工艺工程,焊盘上的锡膏达到相应要求,印好的锡膏由钢网口中转移到 PCB 的焊盘上,良好的释放可以保证得到良好的锡膏外形。进行锡膏释放,印刷完毕。通常,钢网越薄,焊盘越宽大,释放越容易,相反亦然。

(4)擦网

擦网是指将残留在模板钢网底部和窗口内的锡膏清除的过程。

印刷工艺流程如图 3.5 所示。

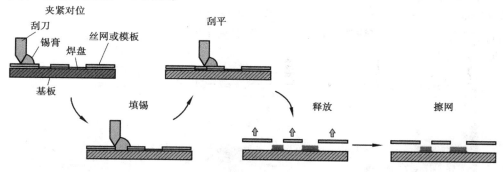

图 3.5　印刷工艺流程

2）模板印刷受力分析

当刮刀以一定的速度和角度向前移动时,对锡膏产生压力 $F$,$F$ 可以分为水平压力 $F_1$ 和垂直压力 $F_2$,$F_1$ 推动锡膏向前滚动,$F_2$ 使锡膏注入模板开口,使锡膏能够顺利地注入模板开孔,并最终能够牢固和准确地涂覆在焊盘上,如图 3.6 所示。

锡膏在印刷工序时必须保证以滚动的方式匀速向前运行,如图 3.7 所示,锡膏只有通过合适的压力,合适的速度才可以顺利将锡膏通过模板开口涂覆到 PCB 的焊盘上。

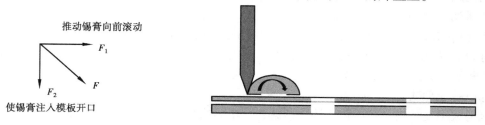

图 3.6　模板印刷受力分析　　　　图 3.7　锡膏滚动向前

3）模板印刷的关键要素

锡膏印刷是个复杂的工艺系统,是多种技术的整合,印刷效果的好坏与 PCB 基板、钢网、锡膏、刮刀有关。

（1）PCB 基板

模板印刷对 PCB 基板的要求如下:

①整个 PCB 基板应平整,不能翘曲,尺寸准确,否则会造成钢网和刮刀的磨损,出现其他印刷缺陷,如连锡。

②设计上完全配合钢网模板,如焊盘小,钢网厚,钢网开口小,造成不能脱模或脱模不良。

③要和模板有良好的接触,这要求阻焊层避免高于焊盘,焊盘的保护层也要平坦。

④适合稳固地在印刷机上定位。

⑤PCB 的布局,在设计许可的情况下,尽量把重要元件居中布局,这样不至于钢网在印刷时受力微变形而影响印刷的精确性。

（2）钢网

钢网也就是 SMT 模板,它是一种 SMT 专用模具,其主要功能是帮助锡膏沉积,目的是将准确数量的锡膏转移到 PCB 对应的焊盘位置。随着 SMT 工艺的发展,SMT 钢网还被大量应用于红胶等胶剂工艺。

常用 SMT 钢网的材质为不锈钢,常见的制作方法为蚀刻、激光、电铸,厚度为 0.15 mm(或 0.12 mm)。其作用是将锡膏漏印到 PCB 的焊盘上,为元器件的贴装作准备。

目前使用的钢网主要有不锈钢模板,其制作工艺主要有 3 种:化学蚀刻法、激光切割法和电铸成型法,如图 3.8 所示。

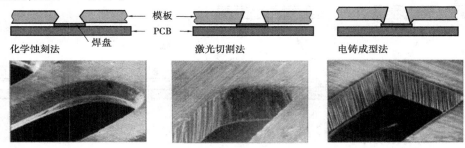

图 3.8　钢网制作工艺

①化学蚀刻法

化学蚀刻法是用化学方法蚀刻形成模板开孔,适用于制作黄铜和不锈钢模板。化学腐蚀具有以下特点:开孔呈碗状,锡膏释放性能不好;制作模板厚度为 0.1 ~ 0.5 mm;价格比激光切割和电铸成型便宜。

②激光切割法

激光切割法是指模板开孔使用激光切割。激光切割具有以下特点:开孔上下自然成梯形,这样有利于锡膏的释放;价格比化学腐蚀贵,比电铸成型便宜;可满足模板厚度为 0.12 ~ 0.3 mm;孔壁不如电铸成型模板光滑。

③电铸成型法

电铸成型法是指直接电铸出镍质的漏板。电铸成型具有以下特点:自然形成梯形开孔,下开孔通常比上开孔大,孔壁光滑,有利于锡膏释放;良好的耐磨性和使用寿命;价格较贵,制作周期较长。

(3)锡膏

锡膏的储存和使用必须遵循《锡膏储存和使用规范》,并且要严格做到印刷使用的锡膏必须回温 4 h,以避免水汽的冷凝和保证一定的黏度。

(4)刮刀

在印刷时,使刮板将锡膏在前面滚动,使其流入模板孔内,然后刮去多余锡膏,在 PCB 焊盘上留下与模板一样厚的锡膏。刮板一般有橡胶或聚氨酯刮板和金属刮板。

橡胶刮板当使用过高的压力时,渗入模板底部的锡膏可能造成锡桥,要求频繁地在底部抹擦,可能会损坏刮板和模板或丝网。过高的压力也倾向于从宽的开孔中挖出锡膏,引起焊锡圆角不够。

金属刮板由不锈钢或黄铜制成,具有平的刀片形状,称为刮刀,刮刀使用的印刷角度为30° ~ 55°。使用较高的压力时,它不会从开孔中挖出锡膏,金属刮板是金属的,它们不像橡胶刮板那样容易磨损,但是比橡胶刮板成本高,并可能引起模板磨损。

### 3.2.2　模板印刷的生产工艺过程

锡膏模板印刷的生产工艺过程主要包含以下几个步骤:印刷前准备,安装模板、刮刀,PCB

定位与图形对准,设置工艺参数,印刷机编程,锡膏印刷,模板印刷结果分析和缺陷分析等,如图3.9所示。

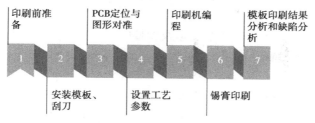

图3.9　模板印刷的生产工艺过程

（1）印刷前准备

印刷前准备包括治具准备、材料准备和文件准备。治具准备是准备模板、刮刀、工具;材料准备是准备锡膏、PCB、酒精、清洁试纸等;文件准备是准备工艺文件、作业指导书、技术文件等。

（2）安装模板、刮刀

模板安装:将模板插入模板轨道,并推到最后位置卡紧,拧下气压制动开关进行固定。刮刀安装:在刮刀支架里插入刮刀,拧紧刮刀安装固定螺钉,设备自动平衡。

（3）PCB定位与图形对准

将PCB初步调整到与模板图形相对应的位置上,基板定位方式有孔定位、边定位和真空定位。孔定位是对基板上的过孔进行定位;边定位是对基板的边缘定位;真空定位是当PCB与印刷模板贴紧时固定基板,多采用真空吸附的方式进行定位。通过3种方式的定位,可以初步使PCB和模板图形相对应。PCB定位后,再进行图形对准,即对印刷工作台进行精确调整。图形对准后,使PCB的焊盘图形与模板漏印图形完全重合;注意PCB的方向和模板印刷图形一致;应设置好PCB和模板的接触高度。

（4）设置工艺参数

设置的参数主要有刮刀速度、刮刀压力、刮刀角度、刮刀选择、分离速度、印刷间隙、印刷行程等。

①刮刀速度:一般设置为15~100 mm/s。速度过慢,锡膏黏度大,不易漏印,而且影响印刷效率;速度过快,刮刀经过模板开口时间太短,容易造成锡膏不饱满或漏印的缺陷。

②刮刀压力:一般设置为2~6 kg/cm²。压力太小,造成两种后果:刮刀前进产生向下的力小,造成漏印量不足,刮刀没有紧贴模板表面,刮刀与PCB之间存在间隙,增加了印刷厚度,造成焊接缺陷;压力太大,导致锡膏印得太薄,可能造成模板损坏。

③刮刀角度:一般设置为45°~60°。

④刮刀选择:根据印刷要求不同,选择不同类型的刮刀。根据制造材质的不同分类,主要有金属刮刀和硬树脂刮刀;根据形状分类,主要有菱形刮刀和硬拖尾刮刀。一般情况下,选择金属拖尾刮刀。

⑤分离速度:分离速度对应脱模时间,一般设置为0.1~2 mm/s。分离速度慢,脱模时间长,易在模板底部留下残留锡膏;分离速度快,脱模时间短,不利于锡膏的直立,易造成印刷缺陷。

⑥印刷间隙:根据印刷间隙的存在与否,模板的印刷可以分为接触式印刷和非接触式印刷。接触式的印刷间隙为零间隙;非接触式的印刷间隙一般设置为0~1.27 mm。

⑦印刷行程：印刷机印刷时设置前后印刷极限，前后极限一般在模板图形的前后 20 mm 处，在印刷刮刀前进的方向上前后极限设置在模板图形的前后 20 mm 处。

（5）印刷机编程

印刷机参数设置后，根据 PCB 焊盘图形及模板图形，对印刷机进行编程，再将编好的程序导入控制印刷机的控制系统。

（6）锡膏印刷

印刷时一般选择试印，并且检验首件印刷质量。如果首件检验不符合要求，根据缺陷检测报告重新调整参数；生产结束后，及时清洗印刷机；回收多余的锡膏，按要求保存；用酒精和试纸把刮刀擦干净。

（7）模板印刷结果分析和印刷缺陷分析

印刷结果要求如下：印刷锡膏量均匀一致，锡膏图形与焊盘图形尽量不要错位，锡膏覆盖焊盘的面积应在 75% 以上，基板不允许被锡膏污染，锡膏印刷后无严重塌落，错位应不大于 0.2 mm。

### 3.2.3　印刷治具及印刷设备

1）印刷治具——模板

金属模板又称漏板、钢板、钢网，如图 3.10 所示，其作用是用来定量分配锡膏，通过钢板可以将锡膏漏印到电路板的焊盘上。印刷模板上有很多漏孔，在印刷过程中，锡膏就是通过漏孔漏下去，进而漏印到电路板的指定位置上。

图 3.10　金属模板

（1）模板的分类

按照模板材料分类，金属模板主要分为全金属模板和柔性金属模板，其中，全金属模板又称刚性金属模板，柔性金属模板又称丝网板。全金属模板是将金属钢板直接安装在框架上，用于接触式印刷。这种模板的寿命长，但是价格比较昂贵。柔性金属模板是将金属模板用丝网连接在框架上，丝网的宽度为 30～40 mm，以保证钢板在使用中有一定的弹性。

（2）模板设计

模板设计主要考虑模板方向、模板外框、模板厚度、模板孔径及开口方式等因素，如图 3.11 所示。

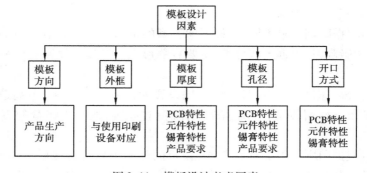

图 3.11　模板设计考虑因素

模板方向是根据产品生产方向要求来考虑的,模板外框是和印刷设备进行匹配的,模板厚度、模板孔径、开口方式是根据 PCB 特性、元件特性、锡膏特性、产品要求等来进行考量的。

（3）模板开口设计

金属模板的开口方法主要有化学腐蚀法、激光切割法和电铸成型法。化学腐蚀法制造模板是最早采用的方法,常用于铜板或不锈钢模板的制作。激光切割法是利用计算机控制或 YAG 激光发生器,像光绘绘图仪一样直接在金属模板上切割窗口,这种方法具有尺寸精度高、窗口形状好、工序简单、周期短、孔壁较光洁等优点。电铸成型法是用加成方法制造钢网的技术,一般采用镍为钢网材料,它是通过电铸使金属电沉积在铸模上制成的。其制作过程是:在一块平整的基板上,通过感光的方法制作窗口图形的复像（模板窗口图形为硬化的聚合感光胶,又称芯钢网）,将芯钢网放入电解质溶液中,芯钢网作电源负极,镍作正极,经过数小时后,在芯钢网上电沉积出坚固的金属镍层,然后将它们分离形成所需钢网,将其胶合到网框上就形成了电铸钢模板,其形状和粗糙度与芯模几乎完全一样。

在模板蚀刻过程中,过度蚀刻,容易造成开口变大,导致漏印锡膏厚度厚,造成印刷缺陷和焊接缺陷;蚀刻不足,开口变小,导致漏印锡膏厚度薄,锡膏不均匀。蚀刻孔壁粗糙度粗糙影响锡膏释放,可能导致锡膏不均匀和少锡膏的现象。

金属模板的开口形状通常为矩形、方形和圆形 3 种。矩形开口比方形和圆形开口具有更好的脱模效率。垂直开口易脱模,喇叭开口朝下易脱模,喇叭开口朝上脱模性差,开口壁光滑、喇叭开口向下或垂直时锡膏释放顺利。

当刮刀以一定的速度和角度向前移动时,对锡膏产生一定的压力,推动锡膏在刮板前滚动,产生将锡膏注入网孔或漏孔所需的压力,锡膏的黏性摩擦力使锡膏在刮板与网板交接处产生切变,切变力使锡膏的黏性下降,使锡膏顺利地注入网孔或漏孔,如图 3.12 所示为锡膏印刷脱模示意图。

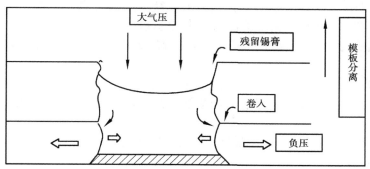

图 3.12　锡膏印刷脱模示意图

（4）SMT 模板验收

对 SMT 模板设计和制作后,需要对 SMT 模板进行验收,SMT 模板验收的注意事项有:检查模板中开口位置及数量是否与 PCB 焊盘位置和数量一致;检查模板开口的方式和尺寸是否符合生产产品的要求;检查模板的厚度是否符合产品要求;检查模板的框架尺寸大小是否正确,是否合适;检查模板的标志是否完整,模板标志的位置是否正确;检查模板的平整度是否水平,检查平整度是否符合要求;检查钢网的张力是否合适。

2）印刷设备

印刷机是印刷工艺中的主要印刷设备，它将锡膏或贴片胶正确地漏印到 PCB 相应的位置上。锡膏印刷的特点是位置准确、涂敷均匀、效率高。印刷机必须结构牢固，具有足够的刚性，满足精度要求和重复性要求。

印刷机按自动化程度分为手动印刷机、半自动印刷机和全自动印刷机，如图 3.13 所示。

（a）手动印刷机　　　　　　　　（b）半自动印刷机　　　　　　　（c）全自动印刷机

图 3.13　印刷机

（1）手动印刷机

手动印刷机从放板、定位、印刷到出板的过程是纯手工完成的，通常仅用于小批量生产或难度不高的产品。

手动印刷机的特点：价格便宜、生产速度低、定位精度差、不适应高密度组装、不适应大批量生产。

（2）半自动印刷机

半自动印刷机除了 PCB 装夹过程需要人工放置，其他动作都是机器连续完成。半自动印刷机是通过人工和机械控制来实现锡膏或贴片胶的漏印。

半自动印刷机的特点：价格适中、生产速度较慢、定位精度较高（光学定位）、不适应高密度组装。

（3）全自动印刷机

全自动印刷机通过计算机控制来实现锡膏或贴片胶的漏印，采用光学定位，操作人员可通过计算机编程来控制设备。

全自动印刷机的特点：速度快，定位精度高，适应高密度组装，适应大批量生产、自动化程度较高的产品制作。

## 3.3　印刷机的运行

### 3.3.1　印刷机的结构

印刷机的结构主要由机架、印刷工作台、PCB 定位系统、刮刀系统、钢网固定装置、滚筒式卷纸清洁装置等几个部分组成。

（1）机架

机架是印刷机工作的支撑结构,稳定的机架是印刷机保持长期稳定性和长久印刷精度的基本保证。

（2）印刷工作台

印刷工作台主要由工作台面、基板夹紧装置、工作台传输控制结构组成。工作台随工作台传输控制结构进行上下移动,工作台传输控制结构中的顶板和顶针将电路板顶到工作台面合适的位置上,通过真空吸附,将电路板更加牢固地固定在工作台上,通过顶板、顶针、真空孔将电路板紧紧地固定在工作台合适的位置上。

基板夹持机构用来夹持 PCB,使之处于适当的印制位置,包括工作台面、夹持机构、工作台传输控制机构等,基板夹持机构如图 3.14 所示。

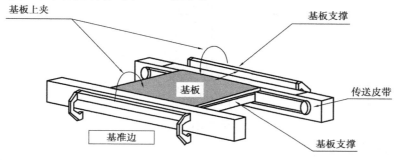

图 3.14　基板夹持机构

（3）PCB 定位系统

PCB 定位系统通过 CCD、定位系统、感应系统等模块,将 PCB 电路板定位在合适的位置上,目的是保证印刷的精确性和正确性。定位系统中挡板的作用是挡住电路板的惯性运动,两端分别各设置一个感应器,感应器的作用是检测电路板,开始准备定位。CCD 的作用是进行光学定位,检测电路板上的 Mark 点,准确定位。

PCB 的放进和取出方式有两种:一种是将整个刮刀机构连同网板抬起,将 PCB 拉进或取出,采用这种方式时 PCB 的定位精度不高;另一种是刮刀机构及模板不动,PCB"平进平出",使模板与 PCB 垂直分离,这种方式的定位精度高,印制锡膏形状好。

（4）刮刀系统

刮刀系统是印刷机上最复杂的运动机构,包括刮刀、刮刀固定机构、刮刀的传输控制系统等,如图 3.15 所示。

图 3.15　刮刀系统

刮刀系统的功能是将刮刀按压网板,使网板与 PCB 接触;刮刀推动模板上的锡膏向前滚动,同时使锡膏充满模板开口;当模板脱开 PCB 时,在 PCB 上相应于模板图形处留下适当厚度的锡膏。刮刀有金属刮刀和橡胶刮刀等,分别应用于不同的场合。

(5)钢网固定装置

钢网固定装置将钢网安装在安装框中,两边是夹紧轨道,可以将钢网模板进行固定。如图3.16 所示为一个滑动式模板固定装置的结构示意图,松开锁紧杆,调整模板(钢网)安装框,可以安装或取出不同尺寸的模板。

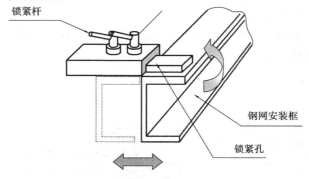

图 3.16　模板固定装置

(6)滚筒式卷纸清洁装置

滚筒式卷纸清洁装置的作用是将钢网模板进行清洗,清洗的目的是防止钢网模板被锡膏堵塞,影响后续印刷的精准性及印刷的质量和效果,如图 3.17 所示。清洗不是印刷一次清洗一次,一般是印刷 5 次左右需清洗一次。钢网模板的清洗频率可以进行设置。

图 3.17　滚筒式卷纸清洁装置

### 3.3.2　印刷工艺参数

印刷机在印刷过程中的工艺参数有刮刀角度、刮刀速度、印刷间隙、分离速度、钢网质量和刮刀质量、钢网的清洗等。

(1)刮刀角度

目前不需手工调整刮刀的角度,但应注意异常情况。一般刮刀在运动时刮刀角度的最佳设定应为 45°～60°。在这种角度下,刮刀与锡膏的接触面积适中,可以产生良好的滚动,同时又能保持对锡膏的流动压力,使其有良好的填充效果。角度太大,滚动压力会不够;角度太小,会造成滚动不好,刮不干净锡膏。

（2）刮刀速度

印刷期间,刮刀在印刷模板上的行进速度很重要,因为锡膏需要时间来滚动和流入模孔内。如果刮刀速度较大,刮刀通过模板的时间不够,锡膏来不及流入模板开口,造成焊盘上锡膏量不足。通常刮刀速度应控制在 15 ～ 100 mm/s。

（3）刮刀压力

刮刀压力的参数跟刮刀的长短和 PCB 的长度等有关。如果压力太低,会造成刮不干净,印锡厚度超标准,同时钢网与 PCB 可能贴合状况不一致,印锡厚度会不均匀;如果压力太大,刮刀与钢网摩擦太大,会降低它们的使用寿命。刮刀压力对印刷厚度的影响和刮刀硬度有关,对硬度较大的刮刀,刮刀的压力对印刷厚度的影响相对较小,而对硬度较小的刮刀,压力越大,刮刀能够挤入网孔程度越大,锡膏厚度就会越低。

（4）印刷间隙

印刷间隙对印刷厚度有较大的影响,尤其当钢网张力较大时,刮刀压力相对不是很大,钢网与 PCB 之间印刷间隙的设置能够增加印刷的高度。通常不会用增加间隙来提高锡膏的厚度,一般印刷间隙都设置为0。钢网上粘贴胶纸调整钢网的开孔大小或者保护识别点都会影响 PCB 和钢网之间的间隙,从而影响锡膏厚度,使粘贴胶纸附近的锡膏厚度偏高。

（5）分离速度

印刷完后,PCB 与模板分开,将锡膏留在 PCB 上而不是模板孔内。对于最细密的模板孔来说,锡膏可能会更容易黏附在孔壁上而不是焊盘上,为了更好地释放锡膏,需要控制 PCB 和模板的分离速度,在 2 ～ 6 s 时间将锡膏拉出模板孔黏着于 PCB 上,进而达到分离的目的。

这里有两个因素有利于 PCB 和模板的分离:第一,焊盘是一个连续的面积,而孔内壁大多数情况分为四面,有助于释放锡膏;第二,锡膏重力和焊盘的黏附力一起加速了锡膏释放。

（6）钢网质量和刮刀质量

钢网在刮刀的压力和推力下长期使用会改变钢网的平整度和张力,当钢网本身平整度不好时,印刷的锡膏厚度的一致性会比较差。

刮刀在钢网上长期摩擦,会被钢网孔的刃口磨成很多高低不平的小缺口,当出现这种情况以后,刮刀就无法将钢网的锡膏刮干净,而在刮锡膏的方向留下锡膏条纹,在焊盘残留的锡膏就会厚度偏高。刮刀上一般有一层光滑耐磨的镍合金。要关注刮刀的磨损情况,如有镀层掉落时应更换刮刀,否则会加速钢网的磨损。应注意刮刀不能长期处于大压力的工作状态。要定期地更换不良刮刀。

（7）钢网的清洗

在锡膏使用过程中,锡膏会向钢网孔下渗透,当钢网清洁效果差时,生产一段时间以后就会在钢网下表面钢网开孔周围残留一圈锡膏残留物,这一圈残留物会在此后的印刷过程中影响锡膏的厚度,使该开孔对应的锡膏厚度增加,同时易造成连锡,以及焊后出现锡渣、锡珠。保养的时候要加强对钢网清洁机构的保养和状态检查,重点检查钢网清洁架上的塑料清洁刮刀片(为易损件)以及真空吸嘴是否堵塞,确保钢网清洁机构能够正常工作,保证清洁效果。每隔一定时间对钢网进行一次手工清洁。

### 3.3.3 印刷机的操作

1）锡膏印刷机运行前的准备

锡膏印刷前要做好准备工作,操作人员应熟悉产品的工艺要求;根据产品的工艺文件,领取经过检验合格的 PCB;选择正确的锡膏材料、模板和刮刀;做好印刷前准备工作以确保锡膏印刷顺利良好地完成。

（1）工艺分析与方案制订

①制订锡膏印刷工艺规程。

为达到良好的印刷效果,操作人员应根据待加工的电子产品及成品检验技术要求,全面了解产品结构的工艺特性,制订最优方案保证印刷工作的顺利完成。对小批量、多品种的待加工产品可采用半自动印刷机的半自动生产线。大规模生产可以配置全自动生产线。半自动印刷机和全自动印刷机的原理、印刷工艺、操作原理基本相同,不同的是半自动印刷机 PCB 的装夹过程是由人工放置的。

切实做好运行前的准备工作,严格锡膏印刷的工艺规程。

a. 遵循锡膏选用的原则,正确使用和保管锡膏。在生产过程中,要对锡膏印刷质量进行100% 的检验,即检查锡膏的图形是否完整、厚度是否均匀、是否有锡膏拉尖等现象。

b. 设置印刷编程参数,依据工艺要求,设定刮刀压力、刮刀速度、刮刀角度、离网速度、模板清洗模式和清洗周期,以及模板、PCB Mark 视角图像制作。

c. 印刷条件设定调整,通过试印刷确认印刷效果,对相关参数进行检查和修正,以达到最佳效果。

②制订锡膏印刷工艺管理。

锡膏印刷的成功与否取决于印制过程中的 3 个关键要素:锡膏滚动、填充和脱模。PCB 的印刷效果直接影响产品的质量,在实际生产中,不能通过检验的最终产品,有 60% 左右是由锡膏印制不良造成的。

根据工艺要求及锡膏、印刷机类型,制订各类作业指导书,如锡膏保存与使用作业指导书、××印刷机操作指导书、锡膏全自动印刷工艺作业指导书、检验作业指导书等。做到严格规范操作过程,保证锡膏印刷质量。

（2）锡膏印刷的工艺准备

①锡膏印刷工艺流程

对于锡膏印刷而言,要先确定锡膏印刷工艺流程,为后续锡膏印刷的实施打好基础和做好铺垫,如图 3.18 所示。

②运行前的准备

a. 设备状态检查。印刷前设备所有的开关必须处于关闭状态;接通空气压缩机的电源,开机前要求排放积水,打开所有气阀,确认各部分气压值是否满足印刷机要求;检查空气过滤器有无积水,有则排出;安装好擦拭纸,检查模板清洁器容器内的酒精量,当少于总容量的 1/3 时应给予补充;检查印刷机各处机械部位是否正常,印刷机是否能正常运转,是否有异物影响印刷机的正常工作,发现任何问题要及时处理,直到问题解决。

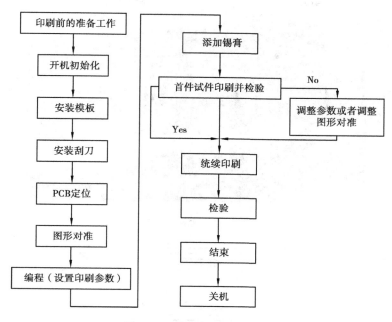

图 3.18　锡膏印刷工艺流程

b. 检查模板、刮刀。模板应完好无损,漏网完整、不堵塞;刮刀刀片与模板应清洁干净,并备好清洗用的毛刷、清洗剂和抹布。

c. 准备锡膏。按产品工艺文件的规定选用锡膏,检查锡膏是否回温完全,完全回温后才能打开容器盖。印刷前用不锈钢搅拌棒将锡膏沿一个方向充分搅拌均匀后才能使用。

③开机操作

a. 确保机器里边没有异物,开机。

b. 打开供气管道气阀门,确保空气压力符合印刷机要求。

c. 打开印刷机的电源开关。

d. 按机器前边控制面板上绿色的"MACHINE ON"开关,这时控制面板上的"MACHINE ON"灯亮。机器开始引导,初始化,进入主界面。

④安装模板和刮刀

a. 先安装模板,再安装刮刀。

b. 安装模板时,将模板插入模板轨道,应推放到位并卡紧。

c. 安装刮刀时,要区分前、后刮刀。先安装后刮刀,再安装前刮刀,如图 3.19 所示。

⑤工艺运行原理

PCB 沿输送带被送入锡膏印刷机,机械自动寻找 PCB 的主要边,并且定位。Z 形架向上移动至真空板的位置,加入真空,牢固地固定 PCB 在特定的位置。视觉轴(镜头)慢慢移动至 PCB 的第一个目标 Mark(基准点)后,机器可移动钢网使其对准 PCB,使钢网在 X、Y 轴方向移动和在 Z 轴方向转动,如图 3.20 所示。一旦钢网与 PCB 对准,Z 形架将向上移动,带动 PCB 接触钢网的下面,如图 3.21 所示。

图 3.19　安装示意图

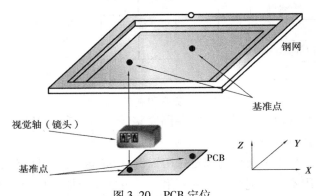

图 3.20　PCB 定位

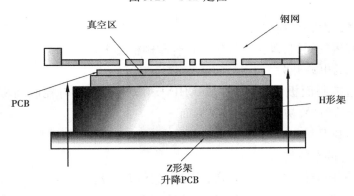

图 3.21　Z 形架向上移

　　当移动到位时,刮刀将推动锡膏在钢网上滚动并通过钢网上的孔印在 PCB 的焊盘上,锡膏填满钢网的孔并堆积在 PCB 上,如图 3.22 所示。印刷完成后,Z 形架向下移动带动 PCB 与钢网分离(即脱模)。这时机器将以每秒 21 个点最少 0.001 2 in(1 in = 25.4 mm)的间隔实行 2D、3D 自动光学检测(检查锡浆覆盖),PCB 通过常规检测后,机器将送出 PCB 至下一工序。印刷机要求下一张要印的 PCB 进行同样的过程,只是用第二个刮刀向相反的方向印刷,如图 3.23 所示。PCB 送出后,机器会自动进行模板清洗,以保证印刷质量。

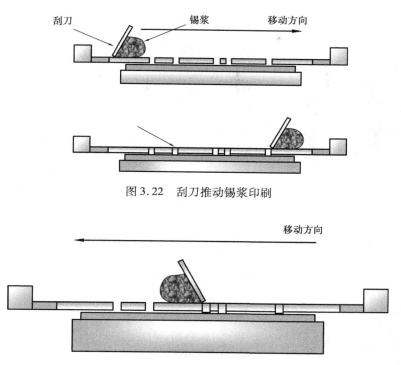

图 3.22　刮刀推动锡浆印刷

图 3.23　第二个刮刀反方向印刷

当刮刀以一定的速度和角度向前移动时,对锡膏产生一定的压力,将锡膏注入网孔(即模板开口),锡膏的黏性摩擦力使锡膏在刮刀与网板交接处产生切变力,将锡膏顺利地注入网孔。锡膏填充模板开口的程度取决于锡膏量,脱模的完整程度取决于锡膏的漏印量和锡膏图形的完整性,这也决定了锡膏印刷的成功与否。由于印刷锡膏是保证 SMT 组装质量的关键工序,因此必须严格控制锡膏印刷的质量。

在操作过程中,出现异常情况,可采用紧急处理措施。印刷设备上有紧急停止按钮,紧急情况下按下,设备停止运行,这样可以保证操作人员的安全。

### 3.3.4　印刷结果分析

1)印刷工艺结果要求

印刷锡膏均匀一致性好;锡膏图形清晰,相邻图形之间尽量不粘连;锡膏图形与焊盘图形尽量不要错位;锡膏覆盖焊盘的面积应在 75% 以上。

影响锡膏印刷质量的因素主要有锡膏、PCB、模板、印刷设备、生产环境及人员素质等。

2)印刷工艺的主要缺陷及解决措施

锡膏印刷缺陷有很多种,主要的缺陷有桥连、印刷偏位、焊锡渣、锡膏量少、锡膏量多、锡膏厚度不一致、锡膏坍塌和模糊等,这些缺陷与锡膏、印刷设备等有或多或少的关系。

(1)桥连产生的原因及解决措施

桥连产生的原因及解决措施见表 3.1。

61

表 3.1　桥连产生的原因及解决措施

| 原　因 | 对　策 |
| --- | --- |
| 对应模板面的刮刀工作面存在倾斜(不平行) | 调整刮刀的平行度 |
| 印刷模板与基板之间间隙过大 | 调整印刷参数,改变印刷间隙 |
| 印刷压力过高,有刮刀切入网板开口部现象 | 重新调整印刷压力 |
| 印刷机的印刷条件不合适 | 检测刮刀的工作角度,尽可能采用 60°角 |
| 网板底部有焊锡 | 清洗网板 |

(2)印刷偏位产生的原因及解决措施

印刷偏位产生的原因及解决措施见表 3.2。

表 3.2　印刷偏位产生的原因及解决措施

| 原　因 | 对　策 |
| --- | --- |
| 网板开孔未对准焊盘 | 调整印刷偏移量 |

(3)焊锡渣产生的原因及解决措施

焊锡渣产生的原因及解决措施见表 3.3。

表 3.3　焊锡渣产生的原因及解决措施

| 原　因 | 对　策 |
| --- | --- |
| 模板底面有焊锡 | 清洗网板 |
| 印刷间隙过大 | 调整印刷参数 |

(4)锡膏量少产生的原因及解决措施

锡膏量少产生的原因及解决措施见表 3.4。

表 3.4　锡膏量少产生的原因及解决措施

| 原　因 | 对　策 |
| --- | --- |
| 网板的网孔被堵 | 清洗网板 |
| 刮刀压力太小 | 调整印刷参数,增加刮刀压力 |
| 锡膏的流动性差 | 选择合适的锡膏 |
| 使用的橡胶刮刀 | 更换为金属刮刀 |

（5）厚度不一致产生的原因及解决措施

厚度不一致产生的原因及解决措施见表 3.5。

表 3.5　厚度不一致产生的原因及解决措施

| | 原　因 | 对　策 |
|---|---|---|
|  | 网板与印制板不平行 | 调整模板与印制板的相对位置 |
| | 锡膏搅拌不均匀 | 印刷前充分搅拌锡膏 |

（6）锡膏量多产生的原因及解决措施

锡膏量多产生的原因及解决措施见表 3.6。

表 3.6　锡膏量多产生的原因及解决措施

| | 原　因 | 对　策 |
|---|---|---|
| 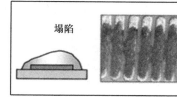 | 模板窗口尺寸过大 | 检查模板窗口尺寸 |
| | 钢板与 PCB 之间的间隙太大 | 调整印刷参数，特别是 PCB 模板的间隙 |

（7）锡膏坍塌和模糊产生的原因及解决措施

锡膏坍塌和模糊产生的原因及解决措施见表 3.7。

表 3.7　锡膏坍塌和模糊产生的原因及解决措施

| | 原　因 | 对　策 |
|---|---|---|
| 塌陷 | 锡膏金属含量偏低 | 增加锡膏中的金属含量百分比 |
| | 锡膏黏度太低 | 增加锡膏黏度 |
| | 印刷的锡膏太厚 | 减少印刷锡膏的厚度 |

### 3.3.5　印刷机的保养

为了保证印刷机的正常工作和能按时完成印刷工作，平时要注重印刷机的保养和维护。印刷机的保养主要是检查外观、急停按钮，检查气压，检查刮刀，检查擦网装置，清洁工作平台，清除各轴、轨道异物，检查进出板感应器，清理自动加锡器、托盘等内容。

（1）检查外观、急停按钮

通过对印刷机的外观检查，保证印刷机外观没有异物和污迹，当印刷机外观有异物的时候，需用无尘布蘸少许酒精进行清洁，以保证无尘、无锡膏、无异物等。

检测印刷机的急停按钮。为了生产中避免意外伤害或意外情况，需保证急停按钮正常工作。如果急停按钮不能正常工作，应对设备进行维修，以保证急停按钮正常工作。

（2）检查气压

气压检查是通过目视的方法对气压进行观测，气压必须保持在正常工作气压范围内，气压值一般可以设置在 0.5 MPa。

（3）检查刮刀

检查刮刀是为了更好地保证刮刀系统在印刷过程中能形成更好的印刷效果，检查刮刀是对刮刀进行动作确认，确保刮刀可以按照规定的动作位置进行。当刮刀上有旧锡膏、有异物等，用无尘布蘸少许酒精清洁；对变形的刮刀，需更换新的刮刀，以确保刮刀能正常动作，需保证刮刀无变形、无旧锡膏、无异物。

（4）检查擦网装置

检查擦网装置是对钢网进行检查，以保证钢网上无尘、无锡膏、无异物，进而保证锡膏能够顺利漏印到电路板上。当钢网上有旧锡膏、有异物时，用无尘布蘸少许酒精进行清洁；对变形或损坏的钢网，需更换新的钢网。

（5）清洁工作平台

清洁工作平台是对印刷机的工作平台进行清洁，以保证工作平台无尘、无锡膏、无异物。当工作平台上有锡膏、有异物时，用无尘布蘸少许酒精进行清洁，保持平台平整、清洁、干净，保证工作平台能正常工作。

（6）清除各轴、轨道异物

清除各轴和轨道异物，以保证各轴和轨道上没有异物，使各轴和轨道能够带动设备正常运行，进而进行正常的生产。

（7）检查进出板感应器

检查进出板感应器，保证进出板的感应器能反应灵敏，感应良好，确保电路板进出时不延时，能按时进出板，完成印刷工作。

（8）清理自动加锡器、托盘

清理自动加锡器、托盘，确保自动加锡器能正常工作，如果自动加锡器不能正常工作，需进行维修。

# 习题与思考

1. 描述表面涂敷工艺的原理及分类。
2. 常用表面涂敷方法有哪些及各自的特点是什么？
3. 描述模板印刷基本步骤。
4. 影响模板印刷效果的因素有哪些？
5. 印刷模板设计时，考虑的因数有哪些？
6. 描述印刷机的分类及相应的特点。
7. 描述印刷机结构的组成。
8. 印刷机进行印刷过程时需设置哪些工艺参数？
9. 简述印刷工艺后的印刷缺陷。
10. 描述印刷缺陷中桥连产生的原因及解决措施。

# 第 **4** 章
## SMT 贴装工艺技术

## 4.1　SMT 贴装工艺原理

　　贴片工艺过程是指采用人工方式或自动化设备将元器件准确地贴放至印刷焊膏后的 PCB 表面相应位置的过程。贴片机的作用是在不损坏元件和 PCB 板的前提下,稳定拾取正确的元器件并快速地把所拾取的元器件准确地放置在 PCB 板指定的位置上。

### 4.1.1　贴片机的工作原理

1)拱架型贴片机的工作原理

　　元件送料器、基板是固定的,贴片头在送料器与基板之间来回移动,将元件从送料器取出,经过对元件位置的调整,贴放于基板上。拱架型贴片机如图 4.1 所示。

图 4.1　拱架型贴片机

　　拱架型贴片机的特点:系统结构简单,可实现高精度;适于各种大小、形状的元件,甚至异型元件;送料器有带状、管状、托盘形式;适于中小批量生产,也可多台机组合用于大批量生产。

2）转塔型贴片机的工作原理

元件送料器放于一个移动的料车上，基板放在一个 X、Y 坐标系统移动的工作台上，贴片头安装在一个转塔上，工作时，料车将元件送料器移动到取料位置，贴片头上的真空吸料嘴在取料位置取元件，经转塔转动到贴片位置，在转动过程中经过对元件位置调整，将元件贴放于基板上。转塔型贴片机如图 4.2 所示。

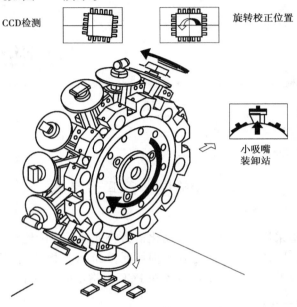

图 4.2　转塔型贴片机

转塔型贴片机的特点：速度高，适于大批量生产，但只能用带状包装的元件。

3）全自动贴片机的工作原理

全自动贴片机的贴装过程：输入印刷好的 PCB，再进行 PCB 定位并基准校准，贴装头拾取元器件，元器件对中（通过 CCD 与标准图像比较），贴装头将元器件贴放到 PCB 上，贴装完成后（如果贴装没有完成，回到贴装头拾取元器件—元器件对中—贴装头将元器件贴到 PCB 上），松开 PCB，输出 PCB，准备下一个工序，如图 4.3 所示。

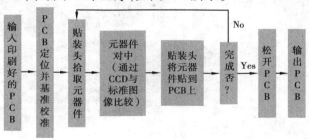

图 4.3　全自动贴装机的贴装过程

（1）PCB 基准校准原理

全自动贴片机贴装时，元器件的贴装坐标是以 PCB 的某一个顶角（一般为左下角或右下角）为原点计算的。而 PCB 加工时多少存在一定的加工误差，在高精度贴装时必须对 PCB 进行基准校准。

　　基准校准采用基准标志(Mark 点)和贴片机的光学对中系统未实现。基准标志(Mark 点)分为 PCB 基准标志(PCB Mark 点)和局部基准标志(局部 Mark 点),如图 4.4 所示,从图中可以看到 PCB 基准标志(PCB Mark 点)和局部基准标志(局部 Mark 点),PCB Mark 点在电路板的左下角和右上角,成对出现,局部 Mark 点是在大型集成芯片的焊盘对角线上。

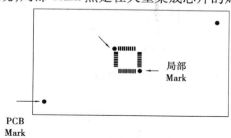

图 4.4　PCB Mark 和局部 Mark

　　PCB Mark 点的作用是用来修正 PCB 加工误差的,贴片前要给 PCB Mark 点照一个标准图像存入图像库中,并将 PCB Mark 点的坐标录入贴片程序中。贴片时每上一块 PCB,先照 PCB Mark 点,与图像库中的标准图像进行比较:一是比较每块 PCB Mark 点图像是否正确,如果图像不正确,贴片机则认为 PCB 的型号错误,会报警不工作;二是比较每块 PCB Mark 点的中心坐标与标准图像的坐标是否一致,如果有偏移,贴片时贴片机会自动根据偏移量($\Delta X$、$\Delta Y$)修正每个贴装元器件的贴装位置,以保证精确地贴装元器件。从图 4.5 所示中可以看到 PCB Mark 点的偏移量 $\Delta X$、$\Delta Y$,贴片机会根据 $\Delta X$、$\Delta Y$ 来调整贴装元器件的贴装位置,以保证贴片的正确性和精度。

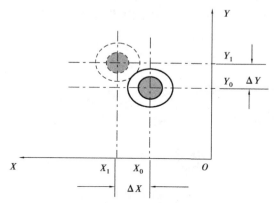

图 4.5　利用 PCB Mark 修正 PCB 加工误差示意图

　(2)元器件贴片位置对中方式

　元器件贴片位置对中方式常见的有机械对中、激光对中和视觉对中。

　①机械对中方式:通过机械手对中实现元件的对中,如图 4.6(a)所示。

　②激光对中方式(通过光学投影对中):通过发光源和接收源实现光学投影对中,如图 4.6(b)所示。

　③视觉对中方式(靠 CCD 摄像,图像比较对中):应用广泛,应用于全自动贴片机中,如图 4.6(c)所示。

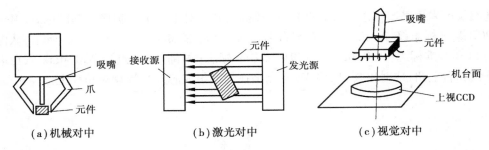

（a）机械对中　　　　（b）激光对中　　　　（c）视觉对中

图 4.6　元器件对中方式

（3）视觉对中原理

贴片前要给每种元器件照一个标准图像存入图像库中,贴片时每拾取一个元器件都要进行照相并与该元器件在图像库中的标准图像比较:一是比较图像是否正确,如果图像不正确,贴装机则认为该元器件的型号错误,会根据程序设置抛弃元器件,若干次后报警停机;二是将引脚变形和共面性不合格的器件识别出来并送至程序指定的抛料位置;三是比较该元器件拾取后的中心坐标 $X$、$Y$、转角 $T$ 与标准图像是否一致,如果有偏移,贴片时贴装机会自动根据偏移量修正该元器件的贴装位置。

### 4.1.2　贴片机的工作流程

将基板 PCB 送入贴片机的工作台,当 PCB 到达贴片位置时,通过 PCB STOP 来实现定位;由送料器送来元器件;贴片头从送料器上顺利、完整地拾取元器件;通过机械或者光学方式确定元器件的位置;贴片头拾取元器件后,把元器件准确、完整地贴放在 PCB 板上;贴装完成后,将电路板送出,准备进行下一个工序。贴片机的工作流程如 4.7 所示。

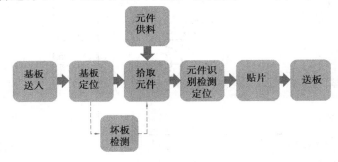

图 4.7　贴片机的工作流程

用贴片机来实现贴片任务的详细工作过程如图 4.8 所示。

①将 PCB 送入贴片机的工作台,经光学找正后固定。

②送料器将待贴装的元器件送入贴片机的拾吸工位,贴片机吸拾头以适当的吸嘴将元器件从其包装中吸取出来。

③在贴片头将元器件送往 PCB 的过程中,贴片机的自动光学检测系统与贴片头相配合,完成对元器件的检测、对中校正等。

④贴片头到达指定位置后,控制吸嘴以适当的压力将元器件准确地放置到 PCB 的指定焊盘位置上,元器件同时被已涂布的锡膏或贴片胶粘住。

⑤重复②—④步的动作,直到将所有待贴装元器件贴放完毕,上面带有元器件的 PCB 板

被送出贴片机,整个贴片机工作全部完成。下一个PCB又被送到工作台上,开始新一轮的贴放工作。

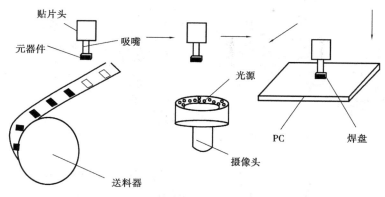

图4.8　贴片机的工作过程示意图

## 4.2　贴片机的运行

### 4.2.1　贴片机的分类

贴片机有5种分类方式,分别是按贴装速度分类、按贴装方式分类、按自动化程度分类、按结构形式分类和按功能分类。

①按贴装速度分类,贴片机可以分为4种类型:低速贴片机、中速贴片机、高速贴片机和超高速贴片机,见表4.1。

表4.1　贴片机分类(贴装速度分类)

| 贴片机种类 | 贴装速度 |
| --- | --- |
| 低速贴片机 | 贴装速度<4 500片/h |
| 中速贴片机 | 4 500片/h≤贴装速度<9 000片/h |
| 高速贴片机 | 9 000片/h≤贴装速度<40 000片/h |
| 超高速贴片机 | 贴装速度≥40 000片/h |

②按贴装方式分类,贴片机可以分为4种类型:流水作业式贴片机、顺序式贴片机、同时式贴片机和顺序—同时在线式贴片机。

a.流水作业式贴片机是指多个贴装头组成的流水线式贴片机,其中每个贴装头负责某一种元器件或者某一部位的元器件,这样就可以实现流水式作业,如图4.9(a)所示。

b.顺序式贴片机是单个贴装头按一定顺序将元器件逐一贴装到PCB上,如图4.9(b)所示。目前国内电子产品制造企业使用得较多的是顺序式贴片机。

c.同时式贴片机是多个贴装头分别从供料系统中拾取不同的元器件,同时实现多个元器件的拾取和贴装,一个动作完成,如图4.9(c)所示。

d. 顺序—同时在线式贴片机是顺序式和同时式两种机型的组合,它具有多种贴片头,依次同时对同一块 PCB 的不同位置进行贴片,如图 4.9(d)所示。

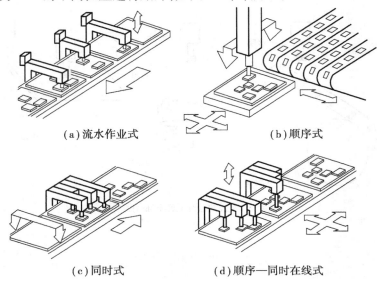

（a）流水作业式  （b）顺序式

（c）同时式  （d）顺序—同时在线式

图 4.9　贴片机分类（贴装方式分类）

③按自动化程度分类,贴片机可以分为 3 种类型:全自动贴片机、半自动贴片机和手动贴片机。

a. 全自动贴片机是指从上下板、元器件供料、定位与贴片等均由设备自动完成的贴片机。此类贴片机的自动化程度最高,整个过程均是由设备自动完成,如图 4.10(a)所示。

b. 半自动贴片机是指上下板、元器件供料、定位等均由人工完成,设备仅完成吸料和贴片动作的贴片机,如图 4.10(b)所示。

c. 手动贴片机是指上下板、元器件供料、定位、贴片等全过程均由人工完成的贴片机,如图 4.10(c)所示。

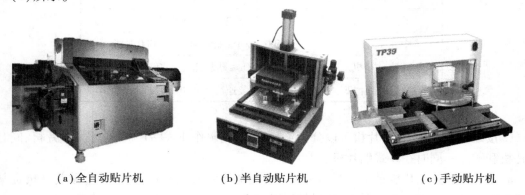

（a）全自动贴片机  （b）半自动贴片机  （c）手动贴片机

图 4.10　贴片机分类（自动化程度分类）

④按结构形式分类,贴片机可以分为 4 种类型:拱架式贴片机、转塔式贴片机、复合式贴片机和大规模平行系统。

a. 拱架式贴片机的组件送料器、基板(PCB)是固定的,贴片头(安装多个真空吸料嘴)在送料器与基板之间来回移动,将组件从送料器取出,经过对组件位置和方向的调整,然后贴放于基板上。拱架式贴片机的特点:拾取和贴片两个动作是分开的,精度较高,但是贴装速度较慢,如图 4.11(a)所示。

b.转塔式贴片机是用一组移动送料器,转塔从料站吸取元件,然后把元件贴放在移动工作台上的电路板上。转塔式贴片机的特点:拾取元件和贴片动作同时进行,贴装速度大幅度提高,如图 4.11(b)所示。

c.复合式贴片机从动臂式机器发展而来,它集合了转塔式和动臂式的特点,在动臂上安装有转盘。复合式贴片机的特点:精度高,贴装速度快,如图 4.11(c)所示。

d.大规模平行系统是使用一系列小的、单独的贴装单元,每个单元有自己的丝杆位置系统,安装有相机和贴装头。每个贴装头可吸取有限的带式送料器,贴装 PCB 的一部分,PCB 以固定的间隔时间在机器内步步推进,单独的各个单元机器运行速度较慢。大规模平行系统的特点:它们连续或平行地运行,有很高的产量,如图 4.11(d)所示。

(a)拱架式贴片机

(b)转塔式贴片机

(c)复合式贴片机

(d)大规模平行系统

图 4.11　贴片机分类(按结构形式分类)

⑤按功能分类,贴片机可以分为高速/超高速贴片机和多功能贴片机。

a.高速贴片机主要用于贴装电阻、电容、电感等标准型元件,贴装速度快,如图4.12(a)所示。

b.多功能贴片机主要用于贴装非标准型元器件,如大型集成芯片等,贴装种类多、功能多,如图4.12(b)所示。

### 4.2.2　贴片机的结构

贴片机的种类很多,其总体结构基本上是类似的。贴片机的结构包括机架机壳、PCB 传送机构及支撑台,$X$、$Y$ 与 $Z$ 轴伺服机构及定位系统、光学对中系统、贴片头、供料器、传感器、计算机操作软件等,如图 4.13 所示。

(a)高速/超高速贴片机　　　　(b)多功能贴片机

图 4.12　贴片机分类(功能分类)

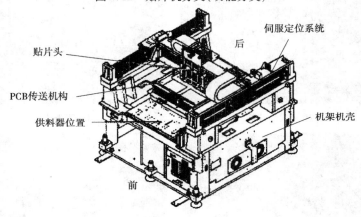

图 4.13　贴片机内部结构

1)机架机壳

机架机壳是贴片机的"骨架"和"皮肤",支撑着所有的传动、定位、传送等机构,起着保护机器各种机械电气硬件的作用。大部分型号的贴片机送料器安装在机架上面,机架应有足够的机械强度和刚性。

贴片机有各种形式的机架,大致可分为整体铸造式机架和钢板烧焊式机架两类。

(1)整体铸造式机架

整体铸造式机架的特点是整体性强、刚性好,整个机架铸造后采用时效处理,机架的变形微小,工作时稳固。

(2)钢板烧焊式机架

钢板烧焊式机架是由各种规格的钢板等烧焊而成,再经时效处理以减少应力变形。它的整体性比整体铸造式机架差一些,但它具有加工简单、成本较低的特点,在外观上(去掉机器外壳)可见到焊缝。

机器采用哪种结构的机架,取决于机器的整体设计和承重。

2）PCB 传送机构及支撑台

PCB 传送机构是将需要贴片的 PCB 送到预定的位置,贴片完成后再将 PCB 传至下一道工序。

传送机构是安放在轨道上的超薄型皮带传送系统。通常皮带安置在轨道边缘,皮带分为 A、B、C 三段,如图 4.14 所示。在 B 区传送部位设有 PCB 夹紧机构,如图 4.15 所示;在 A、C 区装有红外传感器,更先进的机器还带有条形码阅读器,它能识别 PCB 的进入和送出,记录 PCB 的数量。

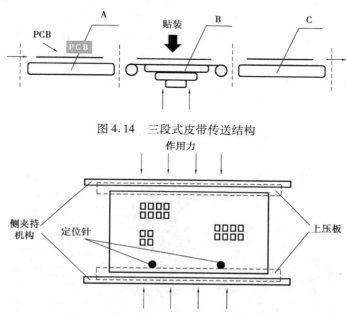

图 4.14　三段式皮带传送结构

图 4.15　PCB 板侧夹持机构

PCB 传送机构主要有两种导轨形式,分别为整体式导轨和活动式导轨。

（1）整体式导轨

在这种方式的贴片机中,PCB 的进入、贴片、送出始终在导轨上,当 PCB 送到导轨上并前进到 B 区时,PCB 会有一个后退动作并遇到后制限位块,于是 PCB 停止运行,与此同时, PCB 下方带有定位销的顶块上行,将销钉顶入 PCB 的工艺孔中,B 区上的压紧机构将 PCB 压紧。

在 PCB 的下方有一块支撑台板,台板上有阵列式圆孔,当 PCB 进入 B 区后,可根据 PCB 结构需要在台板上安装适当数量的支撑杆,随着台面的上移,支撑杆将 PCB 支撑在水平位,这样,当贴片头工作时就不会将 PCB 下压而影响贴片精度。

若 PCB 事先没有预留工艺孔,则可以采用光学辨认系统确认 PCB 的位置,此时可以将定位块上的销钉拆除,当 PCB 到位后,由 PCB 前后限位块及夹紧机构共同完成 PCB 的定位。

通常光学定位的精度高于机械定位的精度,但定位时间较长。

（2）活动式导轨

在这种方式的贴片机中,B 区导轨相对于 A、C 区是固定不变的,A、C 区导轨可以上下升降。当 PCB 由印刷机送到导轨 A 区时,A 区导轨处于高位并与印刷机相接;当 PCB 运行到 B 区时,A 区导轨下沉到与 B 区导轨同一水平面,PCB 由 A 区移到 B 区,并由 B 区夹紧定位;当

PCB 贴片完成后送到 C 区导轨时,C 区导轨由低位(与 B 区同水平)上移到与下道工序的设备轨道同一水平,并将 PCB 由 C 区送到下道工序。

在其他新型的贴片机中,A、C 区导轨为固定导轨,B 区导轨则设计成可做 $X$-$Y$ 移动的 PCB 承载台,并可做上下升降运动。由此可知,不同机型的导轨有不同结构,其做法主要取决于贴片机的整体结构。

3)$X$-$Y$ 与 $Z/\theta$ 轴伺服机构及定位系统

$X$-$Y$ 定位系统是贴片机的关键机构,也是评估贴片机精度的主要指标,它包括 $X$-$Y$ 传送机构和 $X$-$Y$ 伺服系统。它的功能有两个:一个是支撑贴片头,即贴片头安装在 $X$ 导轨上,$X$ 导轨沿 $Y$ 方向运动从而实现在 $X$-$Y$ 方向贴片的全过程,这类机构在通用型贴片机中较多见;另一个是支撑 PCB 承载平台并实现 PCB 在 $X$-$Y$ 方向移动,这类机构常见于塔式旋转头类的贴片机。在这类高速机中,其贴片头仅做旋转运动,而依靠送料器的水平移动和 PCB 承载平面的运动完成贴片过程。

(1)$X$-$Y$ 传送机构

$X$-$Y$ 传送机构主要有两大类:一类是滚珠丝杠-直线导轨,如图 4.16 所示;另一类是同步齿行带-直线导轨。

图 4.16  $X$-$Y$ 传送机构(滚珠丝杠-直线导轨)

(2)$X$-$Y$ 伺服系统(定位控制系统)

随着 SMC/SMD 尺寸的减小及精度的不断提高,对贴片机贴装精度的要求越来越高,换言之,对 $X$-$Y$ 定位系统的要求越来越高。$X$-$Y$ 定位系统是由 $X$-$Y$ 伺服系统来保证的,即上述的滚珠丝杠—直线导轨及齿行带—直线导轨是由交流伺服电机驱动,并在位移传感器及控制系统指挥下实现精确定位。位移传感器的精度起着关键作用。目前,贴片机上使用的位移传感器有圆光栅编码器、磁栅尺和光栅尺。

(3)$Z$ 轴伺服及定位系统

在通用型贴片机中,支撑贴片头的基座固定在 $X$ 导轨上,基座本身不作 $Z$ 轴方向的运动。这里的 $Z$ 轴控制系统,特指贴片头的吸嘴运动过程中的定位,其目的是适应不同厚度 PCB 与不同高度元器件的贴片需要。

早期贴片机 $Z$ 轴(吸嘴)的旋转控制采用气缸和挡块来实现,现在的贴片机已直接将微型脉冲马达安装在贴片头内部,以实现 $Z$ 轴方向高精度的控制。

4)光学对中系统

贴片机的对中是指贴片机在吸取元件时要保证吸嘴在元件中心,使元件的中心与贴片头主轴的中心线保持一致。

早期贴片机的元件对中是用机械方法来实现的(称为"机械对中")。当贴片头吸取元件后,在主轴提升时,拨动 4 个爪把元件抓一下,使元件轻微地移动到主轴中心上来,这种对中方法依靠机械动作,速度受到限制,同时元件也容易受到损坏,目前这种对中方式已不再使用,取而代之的是光学对中。

(1)光学对中原理

贴片头吸取元件后,CCD 摄像机对元器件成像,并转化成数字图像信号,经计算机分析出元器件的几何尺寸和几何中心,并与控制程序中的数据进行比较,计算出吸嘴中心与元器件中心在 $\Delta X$、$\Delta Y$ 和 $\Delta\theta$ 的误差,并及时反馈至控制系统进行修正,保证元器件引脚与 PCB 焊盘重合。

(2)光学系统的组成

光学系统由光源、CCD、显示器以及数模转换与图像处理系统组成,如图 4.17 所示,即 CCD 在给定的视野范围内将实物图像的光强度分布转换成模拟信号,模拟电信号通过 A/D 转换器转换为数字信号,经图像系统处理后再转换为模拟图像,最后由显示器反映出来。

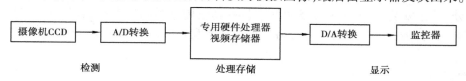

图 4.17　光学系统的组成

(3)光学系统的作用

贴片机中的光学系统,在工作过程中首先是对 PCB 的位置确认。当 PCB 输送至贴片位置上时,安装在贴片头的 CCD,通过对 PCB 上所设定的定位标志识别,实现对 PCB 位置的确认。通常在设计 PCB 时应设计定位标志。CCD 对定位标志确认后,通过 BUS 反馈给计算机,计算机计算出贴片原点位置误差($\Delta X$、$\Delta Y$),同时反馈给运动控制系统,以实现 PCB 的识别过程。

在对 PCB 位置确认后,再对元器件进行确认,包括元件的外形是否与程序一致、元件中心是否居中、元件引脚的共面性和形变。

5)贴片头

贴片头是贴片机的关键部件,它拾取组件后能在校正系统的控制下自动校正位置,并将元器件准确地贴放到 PCB 上指定的位置。贴片头的发展是贴片机进步的标志,贴片头已由早期的单头、机械对中发展到多头、光学对中。多头式主要有固定式和旋转式,其中旋转式主要有水平旋转式/转塔式和垂直旋转/转盘式。

(1)固定单头

早期单头贴片机由吸嘴、定位爪、定位台和 $Z$ 轴、$\theta$ 角运动系统组成,并固定在 $X$、$Y$ 传送机构上。当吸嘴吸取一个元件后,通过机械对中机构实现元件对中并给供料器一个信号(电信号或机械信号),使下一个元件进入吸片位置。但这种方式贴装速度很慢,通常贴放一个片式元件需 1 s。为了提高贴装速度,人们采取增加贴片头数量的方法,即采用多个贴片头来增加贴装速度。

（2）固定式多头

通用型贴片机在原单头的基础上进行了改进,即由单头增加到 3～6 个贴片头。它们仍然固定在 X、Y 轴上,但不使用机械对中,而改为多种样式的光学对中。工作时分别吸取元器件,对中后再依次贴放到 PCB 指定的位置上。随着贴片头由机械式改为吸嘴式,目前这类机型的贴装速度已达 3 万只/h 的水准,而且这类机器价格较低,并可组合联用。

（3）旋转式多头

高速贴片机多采用旋转式多头结构,目前这种方式的贴装速度已达到 4.5 万～5 万只/h。每贴一个元件仅需 0.08 s 左右的时间。旋转式多头又分为水平旋转式/转塔式和垂直方向旋转/转盘式。

水平旋转式/转塔式贴片机中有 16 个贴片头,每个头上有 4～6 个吸嘴,可以吸放多种大小不同的元件。16 个贴片头固定安装在转塔上,只做水平方向旋转,习惯上被人们称为水平旋转式或转塔式。旋转头各位置作了明确分工。贴片头是固定旋转,不能移动,元件的供给只能靠送料器在水平方向的运动将所需的贴放元件送到指定的位置。贴放位置则由贴片机中 PCB 工作台和电路板上元器件摆放位置来确定。这类贴片机的高速度取决于旋转头的高速运行,在贴片头旋转的过程中,送料器以及 PCB 也在同步运行。

垂直方向旋转/转盘式贴片机旋转头上安装有 12 个吸嘴,工作时每个吸嘴均吸取元件,并在 CCD 处(固定安装)调整 $\Delta\theta$,吸嘴中均安装有真空传感器和压力传感器。通常这类贴片机中安装两组旋转头,其中一组在贴片,另一组则在吸取元件,然后交换功能,以达到高速贴片的目的。

6）供料器

供料器的作用是将片式元件 SMD/SMC 按照一定的规律和顺序提供给贴片头吸嘴以便准确方便地拾取元件,它在贴片机中占有较多的数量和位置,也是选择贴片机和安排贴片工艺的重要组成部分。根据 SMD/SMC 的包装不同,供料器通常有带式供料器、管式供料器、盘式供料器和散料式供料器,如图 4.18 所示。

（a）带式供料器　　　　　　　　　　（b）管式供料器

图 4.18　供料器

这里以带式供料器为例来说明其工作原理。编带轮固定在供料器的轴上,编带通过压带装置进入供料槽内。上带与编带基体通过分离板分离,固定到收带轮上,编带基体上的同步孔装在同步棘轮齿上,编带头直至供料器的外端。供料器装入供料站后,贴片头按程序吸取元件并通过"进给滚轮"给手柄一个机械信号,使同步轮转一个角度,使下一个元件送到供料位置上。上层带通过皮带轮机构将上层带收回卷紧,废基带通过废带通道排除到外面,并定时处理。

　　大部分贴片机是将供料器直接安装在机架上,为了能提高贴片能力,减少换料时间,特别是产品更新时需要重新组织供料器。大型高速的贴片机采用双组合送料架,真正做到不停机换料,最多可以放置 120×2 个供料器。

　　7)传感器

　　贴片机中装有多种传感器,如压力传感器、负压传感器和位置传感器。随着贴片机智能化程度的提高,可进行元件电器性能检查,它们像贴片机的眼睛一样,时刻监视机器的正常运转。传感器运用越多,表示贴片机的智能化水平越高。

### 4.2.3　贴片机的技术参数

　　贴片机在贴装过程中有很多技术参数,这里主要介绍 4 个重要的技术参数:贴装精度、贴装速度、适应性和贴装功能。

　　1)贴装精度

　　贴装精度是贴片机的一项重要指标,贴装精度是指贴片机 $X$、$Y$ 轴导轨运动的机械精度和 $Z$ 轴的旋转精度。它可以由定位精度(绝对精度)、重复精度和分辨率来表征。

　　(1)定位精度

　　定位精度是指实际要贴片的元器件位置和贴片文件设定的元器件位置的偏差,又称绝对精度,如贴片机贴装元器件坐标值为(0,0),定位精度为实际贴装值与该点坐标的偏差值。

　　(2)重复精度

　　重复精度是描述贴片机重复地返回设定贴片位置的能力,如贴片机贴装元器件坐标值为(0,0),重复多次对此点进行贴装,每次之间的偏差值就是重复精度。准确地说,每个运动系统的 $X$ 导轨、$Y$ 导轨和 $\theta$ 均有各自的重复精度,它们综合的结果体现了贴片机的贴片精度。贴片机样本精度通常以贴片机的重复精度来表征。

　　(3)分辨率

　　分辨率是指贴片机的机械位移的最小增量。在 SMT 行业里,贴片机的分辨率一般是指 $Z$ 轴旋转分辨率。当贴片头接收到一个脉冲的指令信号时,贴片头 $Z$ 轴每转一次的度数就是 $Z$ 轴旋转的分辨率。

　　实际生产中的贴片精度是指器件引脚与对应的焊盘两者对位的偏差度。

　　2)贴装速度

　　贴装速度决定了贴片机和生产线的生产能力,表征了整个生产线的生产周期,是生产线生产的重要性能参数。贴装速度可以用贴装周期和贴装率来表征,两者可以相互推算。

　　(1)贴装周期

　　贴装周期是指贴装一个元器件所用的时间,是指从拾取元器件开始,直到将元器件贴放到指定位置上后到返回拾取元器件位置所用的时间。一般对于高速机而言,元器件的贴装周期为 0.2 s 以内,目前最高贴装周期为 0.03~0.06 s。高精度、多功能机一般都是中速机,一个元器件的贴装周期为 0.3~0.6 s。

　　(2)贴装率

　　贴装率是指每个小时的贴装数量(chip),单位为 c/h。根据元器件的贴装周期,可以推算出贴片机每个小时的贴装数量。

3）适应性

贴片机的适应性是指贴片机适应不同贴装要求的能力。对不同品种的 PCB 进行贴装时，所需要的元器件种类、供料器数量及类型、PCB 尺寸等都会发生改变，这时贴片机需要根据要求进行调整，贴片机越能适应不同的贴装要求，适应性就越强。

4）贴装功能

贴装功能是指贴装机不同的贴装功能。一般高速贴装机主要可以贴装各种片式元件和较小的 SMD 器件（最大 25 mm×30 mm 左右）。多功能机可以贴装从（0.6 mm×0.3 mm）~（60 mm×60 mm）的 SMD 器件，还可以贴装连接器等异形元件，最大连接器的长度可达 150 mm。

### 4.2.4　贴片机编程

贴片程序编制得好不好，直接影响贴装精度和贴装效率。贴片程序主要包含拾片程序和贴片程序。

拾片程序就是告诉机器到哪里去拾片、拾什么样封装的元件、元件的包装是什么样的等拾片信息。其内容包括每一步的元件名，每一步拾片的 $X$、$Y$ 和转角 $\theta$ 的偏移量，供料器料站位置，供料器的类型，拾片高度，抛料位置，是否跳步。

贴片程序就是告诉机器把元件贴到哪里、贴片的角度、贴片的高度等贴片信息。其内容包括每一步的元件名，说明每一步的 $X$、$Y$ 坐标和转角 $\theta$，贴片的高度是否需要修正，用第几号贴片头贴片，采用几号吸嘴，是否同时贴片，是否跳步等。对高精度大型 IC 器件，贴片程序中还包括 PCB 和局部 Mark 的 $X$、$Y$ 坐标信息等。

贴片程序的编制有示教编程和计算机编程两种。示教编程是通过装在贴片头的 CCD 摄像机识别 PCB 上的元器件的位置数据，这种方式精度低、速度慢。示教编程适用于缺少 PCB 数据的情况或者教学示范，一般生产时采用计算机编程。计算机编程具有精度高、速度快等特点，计算机编程有离线编程和在线编程两种方法。

1）离线编程

离线编程是指在独立的计算机上通过离线编程软件把 PCB 的贴装程序编好、调试好，然后通过数据线把程序传输到贴片机的计算机中存储起来，在贴装时，随时可以通过贴片机上的键盘从机器中将程序调用出来。大多数贴片机采用离线编程，离线编程速度快、不占用设备，生产效率高。

离线编程的步骤：PCB 程序数据编辑—自动编程优化并编辑—将数据输入设备—贴片机上对优化的产品程序进行编辑—核对检查并备份贴片程序。

PCB 程序数据编辑是采用 Gerber 文件（Gerber 文件是一款计算机软件，是线路板行业软件描述线路板图像及钻、铣数据的文档格式集合，是线路板行业图像转换的标准格式，在电子组装行业中称为模板文件，在 PCB 制造业中称为光绘文件）形式将不同元件的位置号、元件规格尺寸和元件的中心坐标导入离线编程软件中；自动编程优化并编辑是打开 Gerber 文件，输入 PCB 数据，自动编程优化，对自动编程优化后的程序进行编辑；将数据输入设备是将优化好的程序输入贴片机中；贴片机上对优化的产品程序进行编辑是贴片机对程序进一步优化和编辑；核对检查并备份贴片程序是对程序中的元件名称、位置、型号等信息进行核对检查，对完全无误的程序进行拷贝，核对检查完全正确后才能进行生产。

2）在线编程

在线编程是指利用贴片机中的计算机进行编程,是对 PCB 板的元件贴装位置适时地进行坐标数据的定位,根据不同的元件选择吸嘴,在数据表格中填入相关程序。对于在线编程而言,编程时,贴片机要停止工作。

在线编程的步骤:编辑程序数据——→编辑元器件影像——→优化编辑程序——→核对检查并备份贴片程序。

程序数据编辑主要是编辑元件焊盘中心坐标数据、元件的规格尺寸和位置、供料器的选择等数据;元器件的影像编辑是对每个元器件照一个标准图库,包含元器件的类型、外观尺寸、规格等信息;编辑程序的优化是对程序进一步优化;核对检查并备份贴片程序是根据工艺文件,对程序中的元件名称、位置、型号等信息进行核对检查,对不正确的程序按照工艺文件进行修改,对完全无误的程序进行拷贝,核对检查完全正确后才能进行生产。

### 4.2.5　贴片机的操作

1）贴片前的准备

贴片任务开始前,工艺及技术人员应根据已有的生产任务资料,确定合理的贴装工艺方案;根据工艺方案准备和核定生产材料,如电路板和贴装元器件等;对设备状态进行检查,确定设备是否正常,是否可以完成相应的生产工作;对贴片机的程序状态进行确认。

（1）确定贴装工艺方案

对企业所需要加工的电子产品,技术人员要全方位地了解产品结构的工艺特性和根据已有的生产经验,制订最优方案保证贴装工作的顺利完成。根据生产任务、贴装组件数量多少、RC 组件与 IC 数量比例、单机供料器数量及生产线空闲状况等情况,确定使用单机操作还是联机操作。

（2）备料与核对生产材料

①供料器

供料器又称为送料器、喂料器、料枪和料架,现在有些企业又以其英文名 Feeder 音译为飞达。供料器根据元件的包装方式不同,可分为带式供料器、管式供料器、盘式供料器和散装式供料器等。

带式供料器包括机械式供料器、电动式供料器和气动式供料器 3 种,如图 4.19 所示。这3 种供料器根据供料器的工作原理不同而有所区别,3 种带式供料器针对的包装方式均为带式包装,带式包装主要有纸质编带包装和塑料编带包装。

（a）机械式供料器　　　　　　（b）电动式供料器　　　　　　（c）气动式供料器

图 4.19　带式供料器

管式供料架适用于管式包装的元器件,如图 4.20 所示。这种供料器通过振动方式来传递管式包装中的元器件。

盘式供料器适用于盘式包装的元器件,如图4.21所示。这种供料器主要对应于一些集成芯片或异形元器件。

图4.20 振动式供料器 　　　　　　　　　图4.21 盘式供料器

散装式供料器应用于散装式包装的元器件,这种供料器适用于不能用带式供料器、管式供料器、盘式供料器的元器件,如异形元器件。

在电子元器件的包装中,编带式包装最为常见,带式供料器是应用最多的供料器。这里主要介绍以使用最多、结构也最为复杂的带式供料器机械式供料器为例,如图4.22所示。机械式供料器的结构包括物料挂盘、固定锁扣、本体导料槽、料带卷轮、压料盖组、进料同步齿轮、压料杆等。

图4.22 机械式供料器

机械式供料器中物料挂盘的作用是固定物料,固定片式元器件,如片式电阻;固定锁扣的作用是将供料器锁扣在特定位置上;本体导料槽的作用是传输和供给物料;料带卷轮的作用是收集编带;压料盖组的作用是将基带卡住;进料同步齿轮的作用是锁定物料的同步孔;压料杆的作用是在往复运动中使供料器进行持续供料。

②备料

以机械式供料器备料流程为例,准备生产物料、备料的流程如下:

a. 选取一卷待备物料和与之相对应的供料器。

b. 将供料器压料盖松开,并将待备物料挂于物料托盘上。

c. 将待备物料料带头子找出,并将其从供料器本体导料槽铺开。

d. 将编料带与基带分离,编料带从压料盖缝隙处拉出,并将物料同步孔卡在供料器齿轮上。

e. 将压料盖压下,并用挂钩将其锁死。

f. 将编料带依次绕过滑轮,并把编料带头固定在料带收集轮上。

g. 下压压料杆,直到第一颗物料出现在吸料位置。

h. 用剪刀将供料器头部多余基带齐头剪掉,此时备料完成。

③核对生产物料。

根据贴装工艺方案来确定贴装组件数量的多少、RC 组件与 IC 数量比例等。核对 PCB 和元器件数量、质量好坏,检验 PCB 和元器件是否受潮或者受污染的情况。受潮或者受污染的 PCB 或者元器件,在贴装前要进行去潮或去污处理。

(3)设备状态的点检确认

①机台点检作业

贴片机机台点检作业主要检查确认各处贴纸是否剥落、外观钢板是否有凹凸、安全门是否损坏。机台点检作业项目、确认方法见表4.2。

表4.2　机台点检作业

| 序号 | 确认项目 | 确认方法 | 确定结果 | 措　施 |
|---|---|---|---|---|
| 1 | 确认各处贴纸是否剥落 | 有无脱落 | 需要补贴(不要? 要?) | 补贴贴纸 |
| 2 | 确认外观钢板是否有凹凸 | 没有较大的伤痕、凹凸印 | 伤痕、凹凸(无? 有?) | 进行维修 |
| 3 | 确认安全门是否损坏 | 是否有破损 | 破损(无? 有?) | 进行维修 |

②气路系统点检作业

气路系统点检作业主要检查确认气管接口处是否有空气泄漏、过滤器是否有污垢、压力传感器动作是否有错、头部空气是否有泄漏等。气路系统点检作业项目、确认方法见表4.3。

表4.3　气路系统的点检作业

| 序号 | 确认项目 | 确认方法 | 确定结果 | 措　施 |
|---|---|---|---|---|
| 1 | 确认气管接口处是否有空气泄漏 | 无泄漏音 | 空气泄漏(无? 有?) | 进行维修 |
| 2 | 确认过滤器是否有污垢 | 无污垢 | 污垢(无? 有?) | 清洁过滤器 |
| 3 | 确认压力传感器动作 | 0.49 MPa 以下报错 | 报错发生(有? 无?) | 检测和维修 |
| 4 | 确认头部空气泄漏 | 无泄漏音 | 空气泄漏(无? 有?) | 进行维修 |
| 5 | 确认搬送部等的空气泄漏 | 无泄漏音 | 空气泄漏(无? 有?) | 进行维修 |

③基板传送装置点检作业

基板传送装置点检作业主要检查确认停板挡块、$X$ 挡块上油脂,搬送轨道平行,调宽手柄动作,搬送皮带磨损,皮带传送轮污垢动作,传动皮带磨损,各种传感器,轨道自动调整机构,搬送部整体清洁等。基板传送装置点检作业项目、确认方法见表4.4。

表4.4　基板传送装置点检作业

| 序号 | 确认项目 | 确认方法 | 确定结果 | 措　施 |
|---|---|---|---|---|
| 1 | 确认停板挡块、$X$ 挡块上油脂 | 拿试验板测试挡块上无油脂 | 油脂(有? 无?) | 清洁油脂 |
| 2 | 确认搬送轨道平行 | 入口、出口偏差 ±0.5 mm | 调整(是? 否?) | 调整轨道 |
| 3 | 确认调宽手柄动作 | 平滑动作 | 调整(是? 否?) | 调整手柄 |

续表

| 序号 | 确认项目 | 确认方法 | 确定结果 | 措　施 |
|---|---|---|---|---|
| 4 | 确认搬送皮带磨损 | 无磨损、无裂纹 | 皮带更换(是? 否?) | 更换皮带 |
| 5 | 确认皮带传送轮污垢动作 | 正常回转无污垢 | 污垢(有? 无?)轴带轮<br>更换(是? 否?) | 清除污垢<br>更换带轮 |
| 6 | 确认传动皮带磨损 | 无伤痕 | 皮带更换(是? 否?) | 更换皮带 |
| 7 | 确认各种传感器 | 受光部无灰尘 | 灰尘(有? 无?) | 清除灰尘 |
| 8 | 确认轨道自动调整机构 | 运转正常 | 正常(是? 否?) | 进行维修 |
| 9 | 确认搬送部整体清洁 | 无灰尘 | 灰尘(有? 无?) | 清除灰尘 |

④润滑点检作业

润滑点检作业主要检查确认 $X$ 轴轨道,$Y$ 轴轨道,搬送丝杆止动块,BUTABLE 传动丝杆,头部丝杆、轨道、轴等。润滑点检作业项目、确认方法见表4.5。

表4.5　润滑点检作业

| 序号 | 确认项目 | 确认方法 | 确定结果 | 措　施 |
|---|---|---|---|---|
| 1 | 确认 $X$ 轴轨道 | 确认无异物附着,无伤痕 | 正常(是? 否?)涂油 | 清洁异物<br>添加润滑油 |
| 2 | 确认 $Y$ 轴轨道 | 确认无异物附着,无伤痕 | 正常(是? 否?)涂油 | 清洁异物<br>添加润滑油 |
| 3 | 确认搬送丝杆止动块 | 确认无异物附着,无伤痕 | 正常(是? 否?)涂油 | 清洁异物<br>添加润滑油 |
| 4 | 确认 BUTABLE 传动丝杆 | 确认无异物附着,无伤痕 | 正常(是? 否?)涂油 | 清洁异物<br>添加润滑油 |
| 5 | 确认头部丝杆、轨道、轴 | 确认无异物附着,无伤痕 | 正常(是? 否?)涂油 | 清洁异物<br>添加润滑油 |

⑤贴片头点检作业

贴片头点检作业主要确认激光头的擦拭清洁、过滤器的脏污、$Z$ 轴吸管脏污、真空电磁阀、吸气电磁阀、压力传感器压力、吸嘴吸取的真空值、$Z$ 轴弯曲等。贴片头点检作业项目、确认方法见表4.6。

表4.6　贴片头点检作业

| 序号 | 确认项目 | 确认方法 | 确定结果 | 措　施 |
|---|---|---|---|---|
| 1 | 确认激光头的擦拭清洁 | 激光头上无灰尘 | 灰尘(有? 无?) | 清洁激光头 |
| 2 | 确认过滤器的脏污 | 过滤器上无脏污 | 脏污(有? 无?) | 清洁过滤器 |
| 3 | 确认 $Z$ 轴吸管脏污 | $Z$ 轴吸管上无脏污 | 脏污(有? 无?) | 清洁 $Z$ 轴吸管 |
| 4 | 确认真空电磁阀 | ON 与 OFF 动作 | 有? 无? | 调整或更换 |

| 序号 | 确认项目 | 确认方法 | 确定结果 | 措　施 |
|---|---|---|---|---|
| 5 | 确认吸气电磁阀 | ON 与 OFF 动作 | 有？无？ | 调整或更换 |
| 6 | 确认压力传感器压力 | ±2.67 kPa 以内 | 正常(是？否？) | 调整 |
| 7 | 确认吸嘴吸取的真空值 | −83.5 kPa 以上 | 正常(是？否？) | 调整 |
| 8 | 确认 $Z$ 轴弯曲 | 无弯曲变形 | 正常(是？否？) | 调整或更换 |

⑥驱动轴点检作业

驱动轴点检作业主要确认头部马达联轴器、$X$ 轴左右两侧马达联轴器、$Y$ 轴左右两侧马达联轴器等。驱动轴点检作业项目、确认方法见表4.7。

表 4.7　驱动轴点检作业

| 序号 | 确认项目 | 确认方法 | 确定结果 | 措　施 |
|---|---|---|---|---|
| 1 | 确认头部马达联轴器 | 无磨损、无裂纹 | 裂纹(有？无？) 更换(是？否？) | 更换 |
| 2 | 确认 $X$ 轴左右两侧马达联轴器 | 无磨损、无裂纹 | 裂纹(有？无？) 更换(是？否？) | 更换 |
| 3 | 确认 $Y$ 轴左右两侧马达联轴器 | 无磨损、无裂纹 | 裂纹(有？无？) 更换(是？否？) | 更换 |

⑦电源部分点检作业

电源部分点检作业主要确认 UPS、电源信号灯、液晶屏幕、硬盘等。电源部分点检作业项目、确认方法见表4.8。

表 4.8　电源部分点检作业

| 序号 | 确认项目 | 确认方法 | 确定结果 | 措　施 |
|---|---|---|---|---|
| 1 | 确认 UPS | 电压 12.5 V 以上 | 正常(是？否？) | 更换 |
| 2 | 确认电源信号灯 | 正常亮灯 | 电源 ON(灯亮？灯灭？) | 维修或更换 |
| 3 | 确认液晶屏幕 | 操作画面明亮 | (明？暗？)荧光管更换(是？否？) | 维修或更换 |
| 4 | 确认硬盘 | 无损坏、容量合适 | HDD 更换(是？否？) | 更换 |

(4)确认程序状态

①程序完整性检测。贴片设备正常生产前,需将已编制程序通过完整性测试,保证贴装位置准确,供料无误,视觉检测方式合理高效,现有供料器可满足元器件安装等条件。

②优化效果判定。从提高运行效率、保证贴装精度、降低抛料率3个方面进行优化效果的可行性判定,强化产品质量与设备利用效率。

2)开机

贴片机按以下顺序开机:

①开启空压阀,并调整至 0.49 MPa(5 kg/cm²),即在气压表盘上两条绿色刻度范围均可。

②按下开机键直至绿灯亮。

③开机后,贴片机会进行系统自动诊断。

④检查各轴有无其他物体及供料器是否安装好。

⑤按下主控盘的归零按键,使各轴回原点,即完成开机程序,如图 4.23 所示。

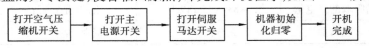

图 4.23　开机流程

3)调程序

贴片机开机后,贴片机调用贴片机程序,进而完成生产程序流程。贴片机程序主要包括拾取程序和贴片程序,其中,拾取程序是对 SMT 元器件进行拾取,贴片程序是对拾取后的元器件进行放置。

4)正常生产

在正常生产前,有以下事项需注意:

①生产前要对已安装好的物料与料站表、机台站位排列程序进行核对。

②物料核对好后,要对所有供料器进行检查,不得有供料器翘起及压料盖浮起等现象。

③生产第一片板时,应该先使用半自动模式,确认生产无误后再使用全自动模式进行生产。

5)处理散料

散料是指贴片机在生产过程中,有些元件因为检测不合格造成抛料,抛料会被固定放置于设备内设的散料盒里。收集抛料时设备会处于停止状态。收集抛料时用手将散料盒往外面轻轻拉出,待散料盒脱离固定销后取下即可。将散料盒内抛料清理后,按拆下反方向装上即可。

6)清理废料箱

贴片机在生产时,会使用切刀对废料带进行剪切,然后将碎料带吸进废料箱里。废料箱的清理按以下步骤进行:

①清理废料箱前,检查设备是否处于停止状态。

②打开废料箱锁扣。

③打开外盖,将废料收集箱拉出,将废料带倒至垃圾篓。

④废料带清理完毕后,将废料收集箱回归原位锁紧。

7)关机

设备停止生产后,需对设备进行关机处理,具体流程如下:

①将显示器上的模式切换至菜单模式。

②按下主控盘的归零按键,使各轴归原点。

③按下关机键,如图 4.24 所示。

图 4.24　关机流程

在操作过程中,出现异常情况,可采用紧急处理措施。贴片设备上有紧急停止按钮,紧急情况下按下,设备停止运行,这样可以保证操作人员的安全。

### 4.2.6　贴装结果分析

SMT 的所有工作均与焊接有关。在 SMT 流程中,贴片机过后即是焊接,贴片是焊接成形前的最后一道品质保障工序,贴片质量的高低在 SMT 整个工艺过程里有着至关重要的地位。

在现代的生产加工理念里,产品品质已经成为企业生存的命脉。而在 SMT 流水线中,PCB 过了贴片机后即将面临回流焊的加热焊接成形,元件的贴片质量如何直接决定着整个产品的品质状况。

1)贴装工艺结果要求

印刷锡膏均匀一致性好;锡膏图形清晰,相邻图形之间尽量不粘连;锡膏图形与焊盘图形尽量不要错位;锡膏覆盖焊盘的面积应在 75% 以上。

影响锡膏印刷质量的因素主要有锡膏、PCB、模板、印刷设备、生产环境及人员素质等。

2)贴装的主要缺陷及解决措施

贴装的主要缺陷有元器件偏移、元器件贴反、元器件侧贴、元器件飞料、元器件漏贴、元器件极性贴反、没满足最小电气间隙等。

(1)元器件偏移

元器件偏移是贴装缺陷中最常见的。元器件偏移是指元器件和焊盘之间没有正对,两者之间有一定的偏移量。元器件偏移主要分为旋转偏移和横向偏移,如图 4.25 所示。

(a)旋转偏移　　　　　　　　　　　　　(b)横向偏移

图 4.25　元器件偏移

元器件在贴装时发生旋转偏移,元器件焊脚不能正对焊盘,贴装效果不好;元器件焊脚偏离焊盘面积不超过 25%,贴装结果可以接受;元器件焊脚偏离焊盘面积超过 25%,贴装结果不能接受,如图 4.26 所示,这里要通过检测维修来进行整改。

元器件正对焊盘　　　元器件偏离焊盘(横向　　　元器件偏离焊盘(横向
　　　　　　　　　　偏离不超过25%)　　　　　偏离超过25%)

非常好　　　　　　　　可以接受　　　　　　　　不能接受

图 4.26　元器件在贴装时发生旋转偏移

元器件在贴装时发生横向偏移,元器件焊脚偏离焊盘面积不超过 25%,贴装结果可以接受;元器件焊脚偏离焊盘面积超过 25%,贴装结果不能接受,如图 4.27 所示,这里要通过检测维修来进行整改。

| 元器件正对焊盘 | 元器件偏离焊盘（横向<br>偏离不超过25%） | 元器件偏离焊盘（横向<br>偏离超过25%） |
| :---: | :---: | :---: |
| 非常好 | 可以接受 | 不能接受 |

图 4.27　元器件在贴装时发生横向偏移

元器件偏移的原因分析及解决措施见表 4.9。

表 4.9　元器件偏移的原因分析及解决措施

| 原因分析 | 解决措施 |
| --- | --- |
| 元器件贴片编程位置不准确 | 修改元器件位置的贴片程序 |
| 编程后或贴装后整个 PCB 上的元器件位置有少量偏移 | 可用 OFFSET 修改 $X$、$Y$、$\theta$ |
| 物料可焊性不好 | 更换物料,反馈工艺 |
| 焊盘或元器件布局设计不良 | 反馈工艺处理 |

(2)元器件贴反

元器件贴反是指从元器件的正反面贴装反向,元器件贴反示意图如图 4.28 所示。

图 4.28　元器件贴反

元器件贴反的原因分析及解决措施见表 4.10。

表 4.10　元器件贴反的原因分析及解决措施

| 原因分析 | 解决措施 |
| --- | --- |
| 供料器上料有误 | 检测上料装置 |
| 元器件贴片程序不对 | 更正贴片程序 |

（3）元器件侧贴

元器件侧贴是指从元器件的侧向贴装在焊盘上，元器件侧贴示意图如图 4.29 所示。

图 4.29　元器件侧贴

元器件侧贴的原因分析及解决措施见表 4.11。

表 4.11　元器件侧贴的原因分析及解决措施

| 原因分析 | 解决措施 |
| --- | --- |
| 供料器取料位置不正 | 对中取料位置 |
| 吸嘴磨损、堵塞 | 清洁或更换吸嘴 |
| 贴片位置偏移 | 更改贴片数据 |

（4）元器件飞料

元器件飞料是指元器件没有按照正常设定的位置进行贴装，元器件飞出去了。元器件飞料的原因分析及解决措施见表 4.12。

表 4.12　元器件飞料的原因分析及解决措施

| 原因分析 | 解决措施 |
| --- | --- |
| 吸嘴可能磨损、损坏 | 保养或更换吸嘴 |
| 取料不顺畅，位置不正确 | 检查供料器的安放位置，保养或更换供料器 |
| 吸嘴与元件不匹配 | 更换吸嘴 |
| 贴装速度过快 | 减小取料贴装速度 |

（5）元器件漏贴

元器件漏贴是指元器件没有贴装到焊盘上，焊盘上没有元器件，元器件漏贴示意图如图 4.30 所示。

图 4.30　元器件漏贴

元器件漏贴的原因分析及解决措施见表4.13。

表 4.13　元器件漏贴的原因分析及解决措施

| 原因分析 | 解决措施 |
| --- | --- |
| 元器件贴片程序不对 | 更正贴片程序 |
| 吸嘴堵塞 | 清洁吸嘴 |
| 元器件飞料引起 | 避免元器件飞料 |
| 贴装压力过大 | 适当调整贴装压力 |

（6）元器件贴装后未满足最小电气间隙

元器件贴装后未满足最小电气间隙是指元器件贴装后,元器件和导线之间或元器件与元器件之间没有满足最小间隙,容易造成信号干扰、短路等问题,如图4.31所示。

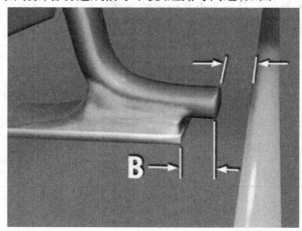

图 4.31　元器件贴装后未满足最小电气间隙

元器件贴装后未满足最小电气间隙的原因分析及解决措施见表4.14。

表 4.14　元器件贴装后未满足最小电气间隙的原因分析及解决措施

| 原因分析 | 解决措施 |
| --- | --- |
| 供料器取料位置不正 | 对中取料位置 |
| 贴装压力过大 | 适当调整贴装压力 |
| 贴片位置偏移 | 更改贴片数据 |

# 习题与思考

1. 简述转塔型贴片机的工作原理。
2. 描述全自动贴装机的贴装原理。
3. 描述贴片机的工作流程。
4. 描述贴片机的分类情况。
5. 贴片机的结构由什么组成？
6. 简述贴片机中光学对中的作用。
7. 贴片机的技术参数有哪些？
8. 描述贴片工艺中的备料流程。
9. 贴装的主要缺陷有哪些？
10. 分析元器件偏移的产生原因及解决措施。

# 第 **5** 章
# SMT 焊接工艺技术

## 5.1　SMT 焊接工艺

　　SMT 包含表面组装元器件、电路基板、组装材料、组装技术、组装工艺、组装设备、组装质量检测和测试、组装系统控制与管理等多项技术,是一门新型的先进制造技术和综合型工程科学技术。

　　在一系列的 SMT 工艺中,焊接是表面组装工艺技术中的主要工艺技术,是完成元器件电气连接的环节。在一块 SMA 上有几十至成千上万个焊点,其中有一个焊点不良就可能导致整个 SMT 产品失效。焊接质量直接影响电子设备的可靠性,影响整个工序的直通率,影响企业的经济效益。

　　焊接是使被焊接的金属表面和焊盘之间形成金属间化合物的过程。SMT 焊接工艺技术的主要工艺特征是:焊剂去除被焊接金属表面的污染物,使之对焊料具有良好的润湿性;供给熔融焊料润湿金属表面;在焊盘和被焊金属表面形成金属间化合物。

　　目前用于 SMT 焊接的方法主要有回流焊接和波峰焊接两大类。一般情况,波峰焊接用于传统的通孔插装工艺以及表面组装与通孔插装元器件的混合组装方式,回流焊接用于全表面组装方式。随着 SMT 元器件的小型化和多引脚细间距器件的发展,特别是 BGA 器件的发展,波峰焊接已不能满足焊接的要求,目前 SMT 制造工艺中主要以回流焊为主。波峰焊接根据波峰的形状不同有单波峰、双波峰、三波峰、复合波峰等形式之分。根据提供热源的方式不同,回流焊接有传导、对流、红外、激光、气相等方式。

　　波峰焊接与回流焊接之间的基础区别在于热源与钎料的供给方式不同。在波峰焊接中,钎料波峰有两个作用:一是供热;二是供钎料。在回流焊接中,供热由回流焊炉自身的加热机理决定,锡膏由专用设备以确定的量涂覆在 PCB 板上。

　　波峰焊技术与回流焊技术是印制电路板上进行大批量焊接元器件的主要方式。目前,回流焊技术与设备是 SMT 组装厂组装 SMD/SMC 的主选技术与设备,但波峰焊技术仍然是一种高效自动化、高产量、可在生产线上串联的焊接技术。在今后相当长的一段时间内,波峰焊技术与回流焊技术仍然是电子组装焊接的首选技术。

# 5.2　回流焊工艺技术

## 5.2.1　回流焊工艺

### 1）回流焊工艺原理

回流焊又称再流焊,是指将贴装好元器件的 PCB 板放进回流焊炉,其传动系统带动 PCB 板通过回流焊炉中的不同温度区域,经过焊料融化、润湿被焊金属的表面、填充元器件与焊盘的间隙、冷却、焊料凝固、形成焊点的焊接工艺。

当电路板通过回流焊炉中的焊接区后,电路板上的焊料融化形成焊点,如图 5.1 所示,从图中可以看出焊点的形状和结构,焊点形状饱满,焊点覆盖住焊盘,此图里面没有焊接元器件。

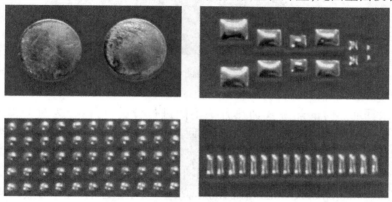

图 5.1　回流焊焊点

回流焊工艺流程是先进行回流焊焊接前的准备,准备好后设置焊接参数,随后测定温度曲线,再进行回流焊接,最后进行检测和清洗,完成整个回流焊工艺过程,如图 5.2 所示。

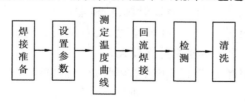

图 5.2　回流焊基本工艺流程

### 2）回流焊的工艺特点

与波峰焊技术相比,回流焊的工艺特点如下:

①不像波峰焊那样,要把元器件直接浸渍在熔融的焊料中,元器件受到的热冲击小,回流焊加热方法不同,有时会施加给元器件较大的热应力。

②只需要在焊盘上施加焊料,并能精准控制焊料的施加量,使虚焊、桥连等焊接缺陷的产生得到了很好的控制,焊接质量好,可靠性高。

③回流焊有自定位效应,当小型元器件贴放位置有一定偏离全部焊端或引脚与相应焊盘同时被润湿时,在熔融焊料表面张力作用下元器件有自动被拉回到近似目标位置的现象。

④焊料中不会混入不纯物,使用锡膏时,能正确地保证焊料的组分。

⑤可以采用局部加热热源,从而可在同一基板上采用不同焊接工艺进行焊接。

⑥工艺简单,修板的工作量极小,节省了人力、电力、材料。

### 5.2.2 回流焊炉的结构

回流焊炉是实现回流焊焊接的设备,回流焊炉又称回流焊机。回流焊炉根据厂商和型号不同,外观会略有差异,劲拓 NT-8N-V2 型号回流焊炉外观示意图如图 5.3 所示。

图 5.3 回流焊炉外观示意图

1)回流焊炉的分类

回流焊炉根据加热时的热源及加热方式不同进行分类,可以分为对 PCB 整体加热和对 PCB 局部加热两类。对于 PCB 整体加热而言,回流焊炉可分为气相回流焊炉、热板回流焊炉、红外回流焊炉、红外热风回流焊炉和全热风回流焊炉。对于 PCB 局部加热而言,回流焊炉可分为激光回流焊炉、聚焦红外回流焊炉、光束回流焊炉和热气流回流焊炉。

目前比较流行和实用的大多是红外回流焊炉、全热风回流焊炉、红外热风回流焊炉、激光回流焊炉和气体焊接回流焊炉(又称为气相回流焊炉)等类型。

(1)红外回流焊炉

红外回流焊炉(IR 炉)出现在 20 世纪 80 年代,它是使用一个棒状或者平面的发热体发出红外线辐射热量来作为热源发出红外线辐射热,使机器内部产生对流加热的一种综合式回流焊方式。这种方式容易因元器件尺寸、PCB 厚度、大小及层数的影响而产生温度差异,并且存在遮蔽效应,即元器件的阴影下温度差异比较大。

红外回流焊的原理是热能通常有 80% 的能量以电磁波的形式(红外线)向外发射,焊点受红外辐射后温度升高,从而完成焊接过程。通常,波长为 1.5～10 μm 的红外辐射能力最强,占红外总能量的 80%～90%,辐射到的物体能快速升温。

为使组件局部区域热平衡及预先干燥锡膏,先要把它加热至 120～150 ℃。在传热范围内,使焊接组件有时间进行温度平衡,随后焊剂熔化,进入第二温区时,要使焊接前组件温度达到 150～170 ℃,然后在回流焊区(210～230 ℃)内完成焊接。这必须保证预敷焊料熔化,而且要保证所有焊点都可靠地润湿。

(2)全热风回流焊炉

目前,应用最广的是 20 世纪 90 年代出现的全热风回流焊炉。全热风回流焊炉的加热系统主要由热风马达、加热管、热电耦、固态继电器 SSR、温控模块等部分组成。

全热风回流焊炉炉膛被划分成若干独立控温的温区,其中每个温区又分为上下两个温区。温区内装有发热管,热风马达带动风轮转动,形成的热风通过特殊结构的风道,经整流板吹出,使热气均匀分布在温区内。由于组件与热风的传热性好,因此,只要很短时间,组件和温区内的气体之间就能达到热平衡,这意味着受热元件的温度比用辐射炉的温度低。这种方法增大了加热的均匀性。

全热风回流焊炉加热原理是利用电热器板加热,用风扇上下吹,使热空气在炉体内部形成循环,吹到炉内传送带上的 PCB 板,从而加热 PCB 板,如图 5.4 所示。为了使 PCB 板表面均匀地加热,电热板的配置和热风的循环方式都很重要。这种回流焊炉的优点是加热均匀,可以使 PCB 板和元器件的温度与温区内气体温度接近,克服了红外回流焊炉的温差问题和遮蔽效应。它使用空气循环方式,其工作成本低,而且不会有温度过高的情形。但空气的传热效率较差,如要将 PCB 板上的冷空气层吹走,使其温度上升,就需要加快热空气的流速,如果 PCB 板上装有超小型零件时可能被吹动发生位置偏移,严重时会影响焊接质量。

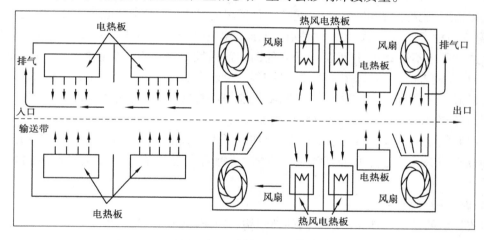

图 5.4　全热风回流焊炉

(3)红外热风回流焊炉

红外热风回流焊炉是在红外回流焊炉基础上加上热风循环使炉内温度更均匀,是目前比较理想和先进的方式,它克服了红外回流焊炉和热风回流焊炉的缺点,同时具有这两种回流焊炉的优点。随着设备成本的进一步降低,红外热风回流焊炉的应用会越来越广泛。

(4)激光回流焊炉

激光焊接利用激光束直接照射焊接部位,焊接部位(器件引脚和焊料)吸收激光能并转变成热能,温度急剧上升到焊接温度,导致焊料熔化,激光照射停止后,焊接部位迅速冷却,焊料凝固,形成牢固可靠的连接。

焊接用激光一般有气全激光和掺钕钇铝石榴石激光(简称 YAG-Nd)两种形式。此外,激光焊接可用于高密度 SMT 印制板组装件的维修,切断多余的印制连线,补焊添加的元器件,这样其他焊点不受热,保证维修的质量。

激光回流焊炉的热源来自激光束,它是一种局部加热的点焊技术,主要用于中小批量 BGA、热敏感性强的器件焊接以及军事和空间电子设备中的电路器件的焊接。与传统回流焊技术相比,激光回流焊炉加热集中、快速,但生产成本很高,焊接效率低,目前还没有大规模地应用。

(5)气体焊接回流焊炉

气体焊接回流焊炉在美国应用比较广泛,其加热方式是将传热系数大的惰性有机溶剂液体(如过氟化物液体)加热,使之汽化后所得的蒸气接触温度较低的 PCB 板,产生凝结热。基本过程是:利用电热板加热使惰性液体到达沸点,形成饱和蒸气。然后将 PCB 板浸泡在饱和蒸气中,使 PCB 板吸收热量达到蒸发温度,在 PCB 板的表面上凝结的蒸气变成热源而将 PCB 板加热。它的优点主要有:由于使用惰性气体,所以几乎不会氧化;加热温度固定,可以做较低温的焊接,元件不会因加热而受损;溶剂蒸气可以到达 PCB 板上各个角落,热传导均匀,可以完成与产品几何形状无关的高质量焊接。缺点是液体汽化损失大,溶剂价格昂贵,生产成本高。

另外,当熔化的焊料暴露在大气中时,会产生快速的氧化现象,从而形成一层薄薄的氧化锡和氧化铅层,统称为氧化皮。为了避免这种情况的发生,目前较为先进的回流焊设备都具有空气/氮气两种工作方式,氮气方式是指在回流焊炉中充入惰性气体(氮气),氮气保护金属表面在加热过程中不被氧化,还保证了适当的助焊剂活性。对比不同的助焊剂在空气和氮气下的润湿力,实践表明,在氮气覆盖下能改进工艺,也能降低助焊剂的残留,使电路测试失败的概率降至最低。许多无铅焊接的研究表明,氮气能提高焊接质量,可避免焊件、焊料与氧气的接触,克服它们在高温下的氧化,有效提高润湿性能。

采用氮气保护焊接虽然有很多优点,但加大了生产成本,在无铅制程中有时容易造成焊接短路和立碑等现象,是否采用氮气工作方式,要综合考虑可能对具体生产产生的各方面的影响。

2)回流焊炉的构成

回流焊炉的结构包括回流焊炉的外部结构和回流焊炉的内部结构。回流焊炉主要是由外部的计算机控制系统和炉体组成,如图5.5所示。回流焊炉的外部结构主要有电源开关、信号指示灯、设备操作接口、紧急开关、抽风散热系统等。

图 5.5 回流焊炉

回流焊炉外部结构中的电源开关是开启和关闭回流焊炉的操作按钮。信号指示灯指示设备当前的状态,绿色指示灯亮表示设备各项检测值与设定值一致,可以正常使用;黄色指示灯亮表示设定中或启动中;红色指示灯亮表示设备有故障。计算机显示器和键盘是设备的操作接口,同时是对回流焊炉进行操作和对回流焊炉参数进行设置的窗口。外部结构还有抽风口、散热风扇和紧急开关。抽风口将生产过程中的助焊剂等废气抽出,以保证回流焊炉内的回流气体干净。按下紧急开关可切断各电动机和发热器的电源,使设备进入紧急停止状态。

回流焊炉的炉体是上下两个密封的箱体,中间为传送轨道。回流焊炉的炉内总体结构如图 5.6 所示,它由加热系统、冷却系统、PCB 板传送系统和电器系统等组成。

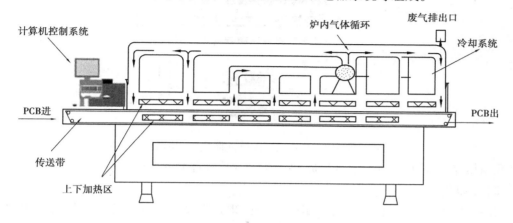

图 5.6　回流焊炉的炉内结构图

回流焊炉主要由计算机控制系统、加热系统、冷却系统、传送系统、电器系统、回流焊炉安全标志等组成。

（1）计算机控制系统

计算机控制系统是回流焊炉的中枢,其选用件的质量、操作方式和操作的灵活性,以及所具有的功能都直接影响设备的使用。计算机控制系统采用 PLC（Programmable Logic Controller,可编程控制器）为主控单元,监控整个回流焊炉的工作情况。它的主要功能为:完成对所有可控温区的温度控制;完成传送部分的速度检测与控制,实现无级调速;配合温度测试仪,实现 PCB 在线温度测试,并可存储、调用、打印;可实时置入和修改设定参数,并可存储、打印;可实时修改内部控制参数;显示设备的工作状态,具有方便的人机对话功能;具有自诊断系统和声光报警系统。

（2）加热系统

加热系统的作用是使 PCB 板从常温加热到锡膏熔融。回流焊炉的加热系统主要包括马达、加热管、风轮、整流板等部分,其结构示意图如图 5.7 所示。

回流焊炉炉膛的每个加热区都有上下两个加热温区,每个加热温区内都装有加热丝制成的加热管,随着上下两个热风马达带动风轮转动,产生空气吹力,将加热管产生的热量形成热风通过特殊结构的风道,经整流板吹出,使热气均匀分布在温区内,从而完成中间传送带上 PCB 板的加热。部分回流焊炉的热风马达转速是可以调节的,马达转速越快,产生的空气吹力就越大,热更换能力就越强。好的回流焊炉设备应该采用高性能马达。

另外,加热系统的温度爬升能力是决定 PCB 板预热的主要因素,温度爬升能力低,各温区之间容易串温。在各加热温区之间绝缘性好的情况下,热量在金属和气体传递之间基本上不会传递,而只在传送带和 PCB 板之间传递,这样能够提高温度爬升速度,在这种情况下可以适

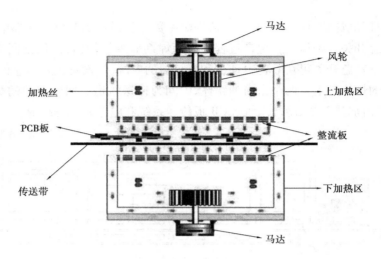

图 5.7　全热风回流焊炉的炉内结构图

度降低预热温度,避免高预热温度造成 PCB 板上元器件性能的变化。

（3）冷却系统

在回流焊接中,PCB 板要经过的最后一个处理过程就是冷却。冷却系统的作用就是使 PCB 板的温度冷却到固相温度以下,使焊点凝固。冷却系统对焊接质量有很大的影响,它决定焊点的结晶形态、内部组织,影响焊点的可靠性,还对其焊点外观有一定的影响,要严格控制冷却速度。为了进一步提高无铅焊接质量,目前各设备厂商开发出冷却区与焊剂管理相互结合的双模块冷却区,且各冷却模块独立可控,计算机显示冷却区温度并可调。

在自然空气条件下工作的回流焊炉利用周围的空气作为冷却媒介,这样能以较低的成本使用大量的气体,并有效地使 PCB 板冷却。在使用氮气进行焊接保护的环境下,冷却过程必须在一个受控的环境下进行,通常采用热交换器,利用气体或液体作为热交换的媒介,冷却的气流还要在炉内循环,以减少氮气的总体消耗。

当前冷却系统的主流技术是冷速可控的强制冷却方法,冷却手段多采用为循环水冷加风冷冷却,主体采用水循环进行热更换的结构,循环水来自外置的冷水机,可以满足各种无铅焊要求,另外还包括冷却风扇。冷却风扇的作用是在 PCB 板出炉子之前,对 PCB 板进行冷却,一般还配备冷却风扇速度控制旋钮,可以根据 PCB 板冷却所需的风量,由其控制调节风扇速度,以达到所需的风速。

目前,出现了一种新的冷却方式——薄气流冷却,其优点为减小循环气流,缩小与来自预热区和焊接区的焊剂气体的混合,降低助焊剂冷却率,提高冷却效率,提供稳定的冷却性能,能够使焊点更光亮,微观组织更好,可靠性更高。冷却水的连接无须工具即可实现拆装的连接点（快速接头）来获得。

（4）助焊剂回收系统

在无铅制程中,较高的焊接温度导致助焊剂大量挥发,这些挥发的助焊剂如果得不到有效处理,将会污损机器,严重的还会污损生产中的 PCB 板,造成产品报废。另外,在焊接过程中还会产生大量的水蒸气、有毒气体和灰尘,它们主要来自 PCB 板。经过测试发现,在回流焊接过程中,一块 PCB 板质量大减小约 0.3 g,如果焊接 10 000 块板,就会产生约 3 kg 的污垢。在设备中必须增加助焊剂和焊接废物的回收装置,通常还有抽风过滤装置配合进行炉内气体循环并且排出废气,过滤装置将废气进行处理后,将达标气体排在空气中。

图 5.8 所示为一种助焊剂回收系统,在助焊剂到达冷却区凝结位置的下方布置过滤系统,大的颗粒和助焊剂通过过滤器之后被滤除,再利用活性炭过滤掉别的污染物,剩下的气体通过排气通道到达废气排气出口被排出。

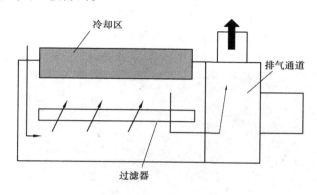

图 5.8　一种助焊剂回收系统原理图

还可以采用其他一些回收方式。例如,一种新型的回收系统包括了一个两段过滤/分离系统和一体化的自清洁功能。第一段过滤利用网孔型的滤网,它包含在一个箱体内。在进入箱体过程中,助焊剂蒸气经历了一个膨胀过程,增加了压力并且产生了小液滴,如果液滴足够大,就会从气流中落下来。剩下的蒸气通过滤网,滤网会将大的、重的颗粒从蒸气中分离出来。这些颗粒主要由被卷入的金属、树脂和松香构成,并且它们保持黏附在滤网的外面。这些颗粒帮助消除高黏度并且很难清除的残留物向下进入系统里这一状况的发生。滤网的清洁通过一个附加的马达定期旋转滤网来完成。施加在颗粒上的离心力克服了将它们粘在滤网上的附着力,并且被向着箱体的墙壁甩出去。由于它没有和主动冷却系统合并在一起,因此在箱体内气体通过时,系统保持了一定的温度,这使得粘在箱体壁上的较重的液体可以向下滴到位于箱体底部的排出罐。第二段过滤由包含在一个箱体里装满了不锈钢球的填充物构成。主要由酒精和溶剂构成的,体积小的、质量小的颗粒,包含在蒸气中通过了第一层的过滤,将再次经受膨胀,从而增大了液滴的尺寸。然后,蒸气通过填充层与钢球产生多次的碰撞。由于包含在蒸气中的液体会在钢球的表面蔓延开来,且这些球被确定是可浸润的,因此,在颗粒和球的最初碰撞中,产生了不同种类的晶核,并且球被一层液体薄膜所覆盖。一旦球完全被薄膜所覆盖,包含在蒸气中的颗粒就会与这层液体薄膜碰撞。蒸气中的颗粒和液体薄膜是相似的物质,不同种类的晶核产生,同时液体也增大了,形成液滴,流进助焊剂收集罐中,等待清理。还可以在每个温区都设置排气通道,使炉体中的气体按一种独特方式循环,集中污染物可以通过一个标准的管道排出,从而阻止助焊剂气流到冷却区。这种方式的优点是不需要过滤器,而且助焊剂气体、固体颗粒污染物和废气等都能够被清除掉。

炉内气体循环装置通常和助焊剂回收系统连在一起。气体循环的控制过程主要包括炉内气体的注入和废气的排放两个方面。

（5）传送系统

传送系统是指按一定的传输速度,将 PCB 板从回流焊炉的入口输送到出口的传动装置。

常见的回流焊炉传送系统的传送方式主要有 3 种:链条式、网带式和链条/网带式。链条式是利用链条宽度可以调节的不锈钢链条,将各种不同宽度的 PCB 板放在上面进行传输,一般用于单/双面板的焊接。网带式传送克服了宽度较大的 PCB 板受热可能引起凹陷的缺陷,比较适用于单面板的焊接。目前应用广泛的传送方式是链条/网带式传送方式,它结合了前述两种方式的优点,适用于各种 PCB 板的传送,如图 5.9 所示。此外,传送带运行要平稳,传送带震动会造成较小元器件移位、桥联、冷焊等焊接质量缺陷。

图 5.9　链条/网带式传送方式

链条/网带式传送系统主要包括轨道、网带(中央支撑)、链条、运输马达、轨道宽度调整装置、传送速度控制机构等部分。

①轨道。一般由铝合金制造,用于控制 PCB 在炉子里的传输移动方向。

②网带。具有防掉板的功能。

③链条。其速度设定,用于传送 PCB 板,其带有自动润滑装置,润滑装置由计算机自动控制。

④传输马达。给轨道传输移动提供动力。

⑤轨道宽度调整装置。除了传送方式外,传送系统可以调整轨道间距的范围,回流焊炉的加工尺寸范围就是由传送系统所能调整到的最大轨道间距决定的。轨道间距的调整范围越大,越能够适应各种不同尺寸 PCB 板的传输。轨道宽度调整装置由两根齿条(位于入口和中间)、一根传动杆、两个齿轮、链条、前后两根丝杆、支架、马达等共同完成对轨道宽度的调整。宽度调整时,两根丝杆带动轨道前后运动,传动杆使轨道中间和两端同步运动,能够保证轨道前后和中间宽度一致,轨道宽度调整装置如图 5.10所示。

图 5.10　轨道宽度调整装置图

⑥传送速度控制机构。用于控制运输 PCB 板的速度快慢。传送速度的调速范围一般为 0.1～1.2 m/min,采用无级调速方式。普遍采用的是"变频器 + 全闭环控制"的方式,如图 5.11所示。

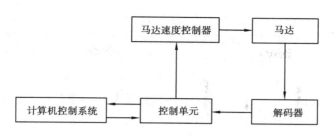

图 5.11　传送速度控制原理图

（6）氮气系统

为了防止氧化和增加润湿性，且前的回流焊炉中往往要进行氮气保护，一般要求氧气浓度在 $100 \times 10^{-6}$ 以下。使用氮气保护有利于焊接工艺和焊接质量的改善，但同时增加了成本，在保证焊接质量的同时应减小氮气消耗。在没有强制对流同时气流又呈薄片状的炉内，控制气体的消耗量相对比较容易。有多种方法可用来减少氮气的消耗。一种方法是减小炉子两端的开口大小，使用空白挡板或设置将入口和出口的孔缝没有用到的部分挡住等，这样做的目的是控制流出炉子的气流，并尽量减少与外部空气的混合；另一种方法是利用热的氮气会在空气上面形成一个气层，而两层气体不会混合的原理，在炉子的设计中，加热室比炉子的入口和出口都要高，这样氮气会自然形成一个气层，可以减少为维持一定气体纯度所需输入的气体数量。

（7）电器系统

回流焊炉的电器系统是设备中所有机械式和电气式器件的总称，它受控于计算机控制系统。典型的器件有继电器、空气开关等。

固态继电器（SSR）是用半导体器件代替传统电接点作为切换装置，具有继电器特性的无触点开关器件，回流焊炉中使用的继电器外观如图 5.12 所示。单相 SSR 为四端有源器件，其中两个输入控制端，两个输出端，输入输出间为光隔离，输入端加上直流或脉冲信号到一定电流值后，输出端就能从断态转变成通态。在开关过程中无机械接触部件。固态继电器除具有与电磁继电器一样的功能外，还具有逻辑电路兼容，耐振耐机械冲击，安装位置无限制，良好的防潮、防霉、防腐蚀性能，在防爆和防止臭氧污染方面的性能也极佳，输入功率小，灵敏度高，控制功率小，电磁兼容性好，噪声低和工作频率高等特点。目前已广泛应用于计算机外围接口设备，调温、调速、调光、电机控制、电炉加温控制、电力石化、医疗器械、金融设备、仪器仪表、交通信号等领域。

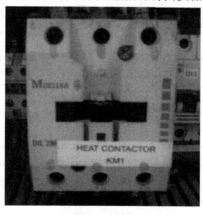

图 5.12　回流焊炉中的继电器

图 5.13　空气开关

空气开关又称低压断路器或者自动开关,如图 5.13 所示。它是一种既能采用手动开关作用,又能自动进行失压、欠压、过载和短路保护的电器。它可用来分配电能,不频繁地启动异步电动机,对电源线路及电动机等实行保护,当它们发生严重的过载或者短路及欠压等故障时能自动切断电路,其功能相当于熔断器式开关与热继电器等的组合,而且在分断故障电流后一般不需要变更零部件。

（8）回流焊炉安全标志

回流焊是 SMT 生产过程中的关键工序,焊接的质量直接影响电子产品的电气性能和连接的可靠性。准确、高效的维护操作,可有效地解决设备的缺陷,以获取最大的效益,有效地提高生产效率和生产质量。操作维护人员必须经过专业学习,持证上岗。为了人身和设备的安全,必须严格执行安全技术操作规程,其安全标志和安全信息见表 5.1。

表 5.1　安全标志和安全信息

| 标志符号 | 标志的内容含义 |
| --- | --- |
| EMERGENCY STOP | 【紧急停止按钮】<br>回流焊炉通常前后各配有一个紧急停止按钮（E-STOP）,任何时候只要威胁到操作维护人员的安全时,可迅速按下 E-STOP,即可使回流焊炉的输送带、轨道及加温器停止,且不会直接影响回流焊炉以及产品,此时机器是以暂停的模式待机。<br>当急停后排除了安全隐患状况,将按钮 E-STOP 拔起,恢复并按下机器入口处的紧急停止按钮（E-STOP）,回流焊炉的蓝色信号灯亮起,此时回流焊炉以降温模式运行,如要继续正常运行,需要重新载入程序 |
| ⚠ 注意 高温注意 请勿碰触 | 【高热标志】<br>请注意高温的威胁！在机械各高温区易触碰的地方都贴有高温标志。<br>回流焊炉是高温加热设备,运行时温度甚高。在操作、维护时,如果稍不留意,将导致灼伤、烫伤,甚至危及人身安全 |
| （铰链标志图） | 【铰链标志】<br>回流焊炉的轨道系统,或者外部有绞断危险的区域都贴有此标志。<br>操作时请特别留意,注意衣物的衣角或衣袖部分,避免被机器勾到卷入轨道而造成危险,必要时请将机器停下 |
| （高压电标志图）<br>有电危险 | 【高压电标志】<br>回流焊炉的电源电压有 AC440 V、380 V、230 V,机器内部的电压有 AC220 V 和 DC24 V。在安全上不可忽视,厂房一定要接地线,因机壳全都是金属的,一旦发生漏电时,可避免触电的伤害。在机械内部,凡红色的导线,用集线槽固定的地方要特别注意绝缘性,不可将金属的部分裸露,如短路或与机壳导通,将有触电危险 |

### 5.2.3　回流焊焊接前的准备工作

在运行回流焊炉前,通常要进行一些必要的准备工作,如深入理解时间-温度曲线,熟悉使用的回流焊炉设备的结构,了解焊接使用的锡膏性能参数和 PCB 基板类型等。

1)时间-温度曲线

印有锡膏的基板经过回流焊后,基板上的锡膏粒子经高温熔化后再冷却固化,组件就被焊接在 PCB 板相应的位置上。在这个过程中,合理设置回流焊炉中各温区的温度以达到最优,这一点对于焊接质量来说至关重要。

在 PCB 组装作业中,回流焊接工艺是目前最流行和最常用的批量生产焊接技术。回流焊接工艺的关键在于找出适当的回流温度曲线,一条优化的回流温度曲线将保证高品质的焊点形成。

影响回流温度曲线变化的因素很多,与回流焊炉的性能、采用的工艺材料(锡膏)、PCB 板的颜色和质地、板上元件种类及布局等有关。目前典型的锡膏回流温度曲线有两种:一种为升温到回流温度曲线,主要用于水溶锡膏和难于焊接的合金的焊接工艺;另一种为升温—保温—回流温度曲线,可用于 SMA 或免洗锡膏的焊接,这是比较常用的一种温度曲线。

(1)理想的时间-温度曲线

一般来说,理想的时间-温度曲线由 4 个部分或区间组成,前面 3 个区加热、最后 1 个区冷却。4 个温区分别称为预热区(又称升温区、斜坡区)、保温区(又称均温区)、回流区(又称回焊区)和冷却区,如图 5.14 所示。

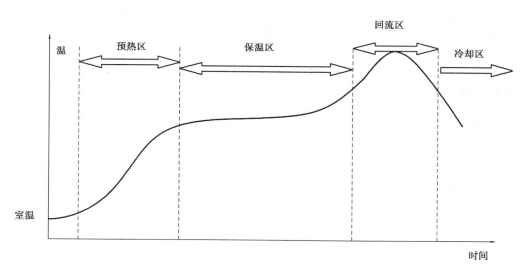

图 5.14　理想的时间-温度曲线图

预热区,一般占整个加热通道长度的 25% ~33% ,是用来将 PCB 的温度从周围环境温度提升到所需的活性温度,在这个区,PCB 的温度以不超过 2 ~5 ℃/s 的速度连续上升,温度升得太快会对元件造成热冲击,产生诸如应力裂纹等可靠性问题,引起某些缺陷,如陶瓷电容的细微裂纹;而温度上升太慢,锡膏会感温过度,没有足够的时间使 PCB 达到活性温度。

保温区有两个用途:一是 PCB 在相当稳定的温度下受热,以使不同质量的元件在温度上趋于一致,减少它们的相对温差;二是使助焊剂活化,挥发性的溶剂从锡膏中挥发。一般的活化温度范围为 120 ~ 150 ℃,保温时间约 90 s。如果活化区的温度设定得太高,助焊剂将没有足够的时间活化。虽然有的锡膏允许活化期间提高一点温度,但是理想的曲线要求相当平稳的温度。生产中选择能维持平坦的活化温度曲线的炉子,将提高可焊性。在保温区,活化的助焊剂开始清除焊盘与引脚的氧化物,留下焊锡附着在清洁表面上。向回流区形成峰值温度是另一个转变,在此期间,装配的温度上升到焊锡熔点之上,锡膏变成液态。

回流区的作用是将 PCB 装配的温度从恒温温度提高到所推荐的峰值温度,恒温温度总是比合金的熔点温度低一点,而峰值温度总是在熔点上。典型的峰值温度范围为 205 ~ 230 ℃,这个区的温度设定太高会使其温升斜率超过 2 ~ 5 ℃/s,或达到回流峰值温度比推荐的高,这种情况可能引起 PCB 过分卷曲、脱层或烧损,并损害元件的完整性。

冷却区能够使合金焊点形成,最终使元器件引脚与焊盘牢固地结合为一体。理想的冷却区曲线应该和回流区曲线呈镜像关系。越是靠近这种镜像关系,焊点达到固态的结构越紧密,得到焊接点的质量越高,结合完整性就越好。

总之,回流焊炉的温区越多,越能使温度曲线的轮廓更准确和接近设定。目前使用的很多回流焊炉设备都在 4 个温区的基础之上细分到 8 个温区甚至更多。随着温区的增多,实际的时间-温度曲线的轮廓与理想曲线更加接近。

在实际操作中,回流温度曲线建立的原则是回流区以前温度上升速率要尽可能地小,进入回流区后半段后,升温速率要迅速提高,回流区最高温度的时间控制要短,使 PCB、SMD 少受热冲击,生产前必须花较长的时间调整好温度曲线,同时应依据产品特性来调节。温度曲线的设定最好根据锡膏供应商提供的数据进行,同时把握元件内部温度应力变化原则,一般情况下,加热温升速度小于 3 ℃/s,冷却温降速度小于 5 ℃/s。

（2）有铅焊接温度曲线分析

有铅焊接温度曲线分析以有铅焊料（Sn63/Pb37）为例来对焊接的 4 个温区作出相应的分析,如图 5.15 所示。

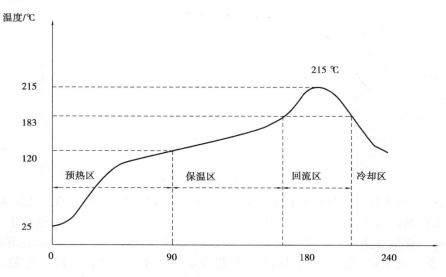

图 5.15　有铅锡膏回流焊温度曲线图(Sn63/Pb37)

①预热区

在预热区,锡膏内的部分溶剂被蒸发,并降低对元器件的热冲击。要求:升温速率为 1.5 ~2.5 ℃/s。升温速度太快,可能会引起锡膏中焊剂成分恶化,形成锡球、桥连等现象,会使元器件承受过大的热应力而受损。

②保温区

在保温区,焊剂开始活跃,并使 PCB 各部分在到达回流区前润湿均匀。要求:温度设定为 140 ~180 ℃,时间为 60 ~100 s,升温速度小于 2 ℃/s。

③回流区

锡膏中的金属颗粒熔化,在液态表面张力作用下形成焊点。要求:最高温度设定为 210 ~225 ℃,高于熔点 30 ~50 ℃;时间设置在 183 ℃以上 30 ~60 s,非热敏感器件时间设置为60 ~90 s,高于 210 ℃的时间设置为 10 ~20 s。

若峰值温度过高或回焊时间过长,可能会导致焊点变暗、助焊剂残留物碳化变色、元器件受损等。温度太低或回焊时间太短,可能会使焊料的润湿性变差而不能形成高品质的焊点。具有较大热容量的元器件的焊点甚至会形成虚焊。

④冷却区

离开回流区后,基板进入冷却区。控制焊点的冷却速度十分重要,焊点强度和冷却速度有关。要求:降温速率小于等于 4 ℃/s。冷却速率太快,可能会因承受过大的热应力而造成元器件损伤,焊点有裂纹现象;冷却速率太慢,可能会形成大的晶粒结构,使焊点强度变差或元件移位。

（3）无铅焊接温度曲线分析

无铅焊接温度曲线分析以无铅焊料 Sn42/Bi58 为例来对焊接的 4 个温区作出相应的分析,如图 5.16 所示。

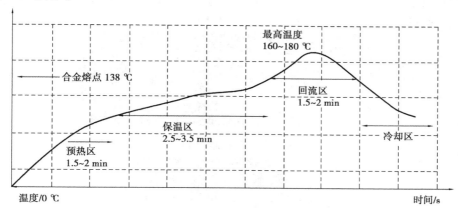

图 5.16　无铅锡膏回流焊温度曲线图（Sn42/Bi58）

①预热区（加热通道的 25% ~33%）

在预热区,锡膏内的部分挥发性溶剂被蒸发,并降低对元器件的热冲击。要求:升温速率为 1 ~3 ℃/s。升温速度太快,可能会引起锡膏的流移性及成分恶化,造成锡球及桥连等现象,同时会使被焊件承受过大的热应力而受损。

②保温区（加热通道的 28% ~45%）

在保温区,助焊开始活跃,化学清洗行动开始,并使被焊件在到达回流区前各部温度均匀。

要求:温度设定为 110 ~ 130 ℃,时间一般为 2.5 ~ 3.5 min,升温速度小于 2 ℃/s。

③回流区

锡膏中的金属颗粒熔化,在液态表面张力作用下形成焊点表面。要求:温度设定为 160 ~ 180 ℃,时间设定 138 ℃以上 1.5 ~ 2 min。峰值温度过高或回流时间过长,可能会导致焊点变暗、助焊剂残留物碳化变色、被焊件受损等。

④冷却区

离开回流区后,被焊件进入冷却区。控制焊点的冷却速度十分重要。降温速率应小于 4 ℃。冷却速率太快,可能会承受过大的热应力而造成被焊件受损,会出现焊点有裂纹等不良现象。冷却速率太慢,可能会形成较大的晶粒结构,影响焊点光亮度,且使焊点强度变差或元件位移。

实际温度设定需结合被焊件性质、元器件分布状况及特点、设备工艺条件等因素综合考虑。

(4)测试温度曲线设备

电路板通过回流焊炉时,表面组装器件上某一点的温度随时间变化的曲线称为时间—温度曲线,简称炉温曲线。炉温曲线是影响回流焊接质量的重要因素。炉温的测量可以采用回流焊炉自带的测温设备,也可以采用市场上出售的回流焊温度曲线测试仪。为了防止回流焊炉自带测温设备存在误差,一般可以使用回流焊温度曲线测试仪精确测量炉温曲线,从而帮助调整炉温曲线到最佳状态。市场上的测温仪有两类:一类是实时测温仪,即时传送温度/时间数据和画出图形;另一类是采样储存数据测温仪,测量完毕后将数据下载到计算机系统。

测温设备包括温度曲线仪、热电偶,以及用来将热电偶附着于 PCB 的工具和锡膏参数表。典型的温度曲线测试仪如图 5.17 所示,主体是扁平的金属盒,带有多个微型热电偶探头(图 5.18),它具有记忆功能,和测温板通过热电偶连接,一起经过炉膛,将温度曲线记录下来,再与计算机、打印机等连接,就可对数据进行保存、打印。

图 5.17　温度曲线测试仪

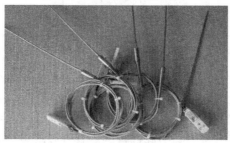

图 5.18　热电偶

测温前,先将热电偶使用胶水或者高温焊锡如银锡合金固定在 PCB 板上,如用焊锡,焊点要尽量小,也可以用少量的热化合物(也称热导膏或热油脂)斑点覆盖住热电偶,再用高温胶带粘住附着于 PCB 板。附着的位置也要选择,通常最好是将热电偶尖附着在 PCB 焊盘和相应的元件引脚或金属端之间,如图 5.19 所示。打开测试仪的开关,测试仪随同测试基板一起进入炉内,经过预热、熔融、冷却,自动对过程温度进行采样记录。大部分测试仪都可根据需要采用无线传输模式或者数据存储模式与回

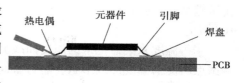

图 5.19　热电偶附着位置图

流焊炉的计算机系统连接,通过专用的软件系统对所记录的数据进行分析,还可以将测试仪与打印机连接,打印出多种颜色的温度曲线。

温度曲线测试仪所测量出来的温度曲线全面准确地记录了测试基板上各测试点的温度与时间参数,根据温度曲线,调节各温区加热控制器与传送带速度,以达到最佳温度、时间工艺参数,从而获得最优的回流焊接质量。如果回流焊炉更换了零件或者制程条件发生了变更,要重新测定炉温曲线。

(5)测试温度曲线

随着技术的不断进步,测试回流焊炉温度曲线的方法也在逐渐增多,并且提供简单而精确的温度记录于非易失性存储器中。

在使用表面贴装元件的印刷电路板(PCB)装配中,要得到优质的焊点,一条优化的回流温度曲线是重要的因素之一。温度曲线是施加于电路装配上的温度对时间的函数,回流过程中在任何给定的时间上,代表 PCB 上一个特定点上的温度形成一条曲线。

传送带速度和每个区的温度设定等参数影响曲线的形状。传送带速度决定机板暴露在每个区所设定的温度下的持续时间,增加持续时间可以允许更多时间使电路装配接近该区的温度设定。每个区所花的持续时间总和决定总共的处理时间。每个区的温度设定影响 PCB 的温度上升速度,高温区与低温区的温度之间产生一个较大的温差。设定温度允许机板更快地达到给定温度。

开始测温度曲线之前,需要下列设备和辅助工具:温度曲线仪、热电偶、将热电偶附着于 PCB 的工具和锡膏参数表。可从大多数主要的电子工具供应商买到温度曲线附件工具箱,这个工具箱使得测温度曲线更加方便,它包含了全部所需的附件(除了曲线仪本身)。

现在许多回流焊机包括了一个板上测温仪,甚至一些较小的、便宜的台面式炉子也含有板上测温仪。

热电偶必须有足够的长度,并可经受典型的炉膛温度。一般较小直径的热电偶,热质量小、响应快,得到的结果精确。

测试步骤:

①选取能代表 SMA 组件上温度变化的测试点,一般至少应选取 3 点,这 3 点应反映出表面组装组件上温度最高、最低、中间部位上的温度变化。回流焊炉所用传送方式的不同有时会影响最高、最低温度部位的分布情况,这点应根据炉子情况具体考虑。对网带式传送的回流焊炉,表面组装件上最高温度部位一般在 SMA 与传送方向相垂直的无元件的边缘中心处,最低温度部位一般在 SMA 靠近中心部位的大型元器件处(如 PLCC)。

②用高温焊料、贴片胶或高温胶带纸将温度采集器上的热电偶测量头分别固定到 SMA 组件上已选定的测试点部位,再用高温胶带把热电偶丝固定,以免因热电偶丝的移动影响测量数据。若采用焊接办法固定热电偶测试点,注意各测试点焊料量尽量小和均匀。

③将被测的 SMA 组件连同温度采集器一同置于回流焊炉入口处的传送链或网带上,随着

传送链/网带的运行,将完成一个测试过程。注意温度采集器距待测的 SMA 组件距离应大于100 mm。

④将温度采集器记录的温度曲线显示或打印出来。由于测试点热容量的不同,通过 3 个测试点所测的温度曲线形状会略有不同,炉温设定是否合理,可根据 3 条曲线预热结束时的温度差、焊接峰值温度以及回流时间来考虑。

锡膏特性参数表也是必要的,其包含的信息对温度曲线至关重要,如所希望的温度曲线持续时间、锡膏活性温度、合金熔点和所希望的回流最高温度。

2)考察所用回流焊炉设备

如果是第一次使用该设备,在开始操作设备之前,应该考察该回流焊炉的基本情况。主要考察点有该设备的加热方式、温区的个数、热风马达转速和冷却风扇风速是否可以调节、配套的测温设备情况、该设备的配套操作和维护指南等。

3)了解锡膏性能

时间-温度曲线根据回流焊中使用的锡膏类型不同而不同,主要取决于锡膏的化学组成。锡膏最常见的配方类型包括水溶性(OA),松香适度激化型(Rosin Mildly Activated,RMA)和免洗型(no-clean)锡膏。一般来说,锡膏的制造厂商会提供最佳建议的温度曲线,以达到焊接质量的最优化。温度曲线的信息可以通过联系锡膏制造商得到。在设定温度曲线时,首先咨询锡膏供应商,查看一下元件规格,为一个特定的工艺确定最佳的曲线参数;其次将该曲线参数与实际的温度曲线测量结果进行比较;最后采取措施来改变机器设定,以达到特殊装配的最佳结果。无铅与有铅回流焊温度曲线的设置是有区别的,两者之间的比较见表 5.2。

表 5.2　无铅与有铅回流焊温度曲线比较

| 区　段 | 参　数 | 锡膏类型 | |
| --- | --- | --- | --- |
| | | 铅锡锡膏 63Sn37Pb | 无铅锡膏 Sn-Ag-Cu |
| 预热区 | 温度/℃ | 25 ~ 100 | 25 ~ 110 |
| | 时间/s | 60 ~ 90 | 100 ~ 200 |
| 保温区 | 温度/℃ | 100 ~ 150 | 110 ~ 150 |
| | 时间/s | 60 ~ 90 | 40 ~ 70 |
| 回流(焊接区) | 温度/℃ | 210 ~ 230 | 235 ~ 245 |
| | 时间/s | 60 ~ 90 | 50 ~ 60 |

4)分析生产基本类型

时间-温度曲线同时还根据 PCB 基板的类型不同而发生设置上的变化,必须根据器件的尺寸、PCB 的厚度等具体情况设置焊接温度曲线。软性 PCB 基板、单面 PCB 基板、双面 PCB 基板和含有 BGA 的 PCB 基板曲线设置如下:

(1)软性 PCB 基板

用软性绝缘基材制成的 PCB 称为软性 PCB 或挠性 PCB,它由绝缘基材、接着剂及铜导体所组成,如图 5.20 所示。它适应了当今电子产品向高密度及高可靠性、小型化、轻量化方向发展的需要,还满足了严格的经济要求及市场与技术竞争的需要。应用软性 PCB 的一个显著优点是它能更方便地在三维空间走线和装连/联,也可卷曲或折叠起来使用。只要在容许的曲率半径范围内卷曲,可经受几千至几万次使用而不至损坏。在同样体积内,软性 PCB 与导线电缆比,在相同载流量下,其质量可减小约 70%,与刚性 PCB 比,质量减小约 90%。

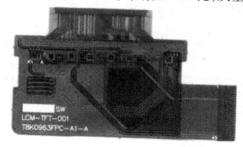

图 5.20　软性 PCB 基板

软性 PCB 基板一般来说面积不大,其上的元器件也较少,由于采用了特殊材料,整个基板包括元器件对热量的耐受值比普通 PCB 低,因此,回流焊接时各温区参数设置应该稍低,热风马达的转速频率应该调低。

（2）单面 PCB 基板

单面 PCB 基板只有一面有元器件,焊接时需要的热量相对较少,单面 PCB 基板的温区温度一般不宜设置过高。

（3）双面 PCB 基板

双面 PCB 基板的回流焊接必须注意的问题是,正面在焊接的时候,反面温度最高值不应超过锡膏熔化温度。在调节温度曲线时,在焊接面和反面都要设置热电偶。

（4）含有 BGA 的 PCB 基板

为避免损坏 BGA 器件,预热温度控制在 100 ~ 125 ℃,升温速率和温度保持时间都很关键,升温速率控制在 1 ~ 2 ℃/s,BGA 的焊接温度与传统的 SMD 相比其设置温度要高 15 ℃左右,PCB 底部预热温度控制在 160 ℃左右。

### 5.2.4　回流焊炉的操作

在对回流焊炉进行操作时,先对回流焊炉进行检查。

1）回流焊炉操作前的检查

（1）回流焊炉表面点检作业

回流焊炉表面点检作业是确认炉体表面、炉盖支撑杆是否能正常工作、计算机操作系统外观等内容,见表 5.3。

表 5.3　回流焊炉表面点检作业

| 序号 | 确认项目 | 确认方法 | 确定结果 | 措　施 |
|---|---|---|---|---|
| 1 | 确认炉体表面 | 是否覆盖油污和灰尘 | 需要用无尘纸清洁（是？否？） | 用清洁纸擦拭炉体表面 |
| 2 | 确认炉盖支撑杆是否能正常工作 | 炉盖升降检验 | 升降正常（是？否？） | 进行维修 |
| 3 | 确认计算机操作系统外观 | 是否覆盖油污和灰尘 | 需要用无尘纸清洁（是？否？） | 用清洁纸擦拭覆盖油污和灰尘 |

（2）传送系统相关装置点检作业

传送系统相关装置点检作业主要是确认传送系统中轨道、链条、齿轮、轴承、传动轮、轨道两侧间隙是否正常，是否符合要求等，见表 5.4。

表 5.4　传送系统相关装置点检作业

| 序号 | 确认项目 | 确认方法 | 确定结果 | 措　施 |
|---|---|---|---|---|
| 1 | 确认轨道 | 轨道是否正常，轨道间是否平行 | 是否需要进行水平调整（是？否？） | 对轨道进行调整 |
| 2 | 确认链条 | 润滑是否良好 | 是否需要清洁油垢（是？否？）是否需要添加高温油（是？否？） | 对油垢进行清洁或者添加高温油 |
| 3 | 确认齿轮、确认轴承、确认传动轮 | 转动是否顺畅 | 是否需要添加润滑油（是？否？） | 添加润滑油 |
| 4 | 确认轨道两侧间隙 | 与 PCB 板的间隔是否为 0.4～1 mm | 是否需要调整（是？否？） | 调整两侧间隙 |

（3）助焊剂回收系统相关装置点检作业

助焊剂回收系统相关装置点检作业是确认助焊剂残渣盘、排风管是否正常，见表 5.5。

表 5.5　助焊剂回收系统相关装置点检作业

| 序号 | 确认项目 | 确认方法 | 确定结果 | 措　施 |
|---|---|---|---|---|
| 1 | 确认助焊剂残渣盘 | 残渣量 | 是否需要进行清扫（是？否？） | 清扫残渣 |
| 2 | 确认排风管 | 清洁程度 | 是否需要清洁（是？否？） | 清扫排风管 |

（4）炉腔内其他装置点检作业

炉腔内其他装置点检作业是检查确认冷却风扇、加热装置、热风风扇等，见表 5.6。

表 5.6　炉腔内其他装置点检作业

| 序号 | 确认项目 | 确认方法 | 确定结果 | 措　施 |
|---|---|---|---|---|
| 1 | 确认冷却风扇 | 扇叶转动顺畅无助焊剂或其他污垢 | 是否需要清洁（是？否？） | 清洁冷却风扇 |
| 2 | 确认加热装置 | 有无助焊剂附着 | 是否需要清洁（是？否？） | 清洁助焊剂 |
| 3 | 确认热风风扇 | 扇叶转动顺畅无助焊剂或其他污垢 | 是否需要清洁（是？否？） | 清洁热风风扇 |

2）回流焊炉开机运行与关机

在各处点检工作完成之后,就可以开机运行回流焊炉进行生产。生产完成后、在需要关机进行维护保养或者维修时,要按照正确的方法关闭回流焊炉。

（1）开机步骤

①打开稳压器开关。

②打开回流焊炉主电源开关。

③打开炉子内部电源 UPS。

④打开计算机操作系统。

⑤选择所需程序投入生产。

（2）关机步骤

①执行 COOL DOWN 程序。

②等待大约 45 min,使炉内温度低于 100 ℃。

③执行 SHUT OFF 程序。

④退出 WINDOW 界面。

⑤关闭回流焊炉内部电源 DPS。

⑥关闭主电源开关。

⑦关闭稳压电源。

（3）回流焊炉运行注意事项

①每次维护保养后先检视炉膛内有无异物,隔 15 min 再启动工作程序。

②回流焊炉运行时,手、身体不要伸入炉中。

③生产过程中不允许打开炉盖。

④生产过程中如出现异常情况,应及时关闭电源进行检查和检修。

### 5.2.5　劲拓 NT-8N-V2 回流焊炉的维护

劲拓 NT-8N-V2 回流焊炉是国内生产的一种回流焊接典型设备,其外观如图 5.21 所示。它的特点是结构设计简洁,导轨调宽采用调速马达,单导轨运输系统可随时改装为双导轨运输,线绕型发热器升温迅速,电器结构采用工业控制计算机,并且设有漏电保护器,确保操作人员及控制系统的安全。微电脑监测系统独立于主控制系统之外,具有双重过热保护功能。

图 5.21　劲拓 NT-8N-V2 回流焊炉

1）NT-8N-V2 回流焊炉的主要技术参数

①加热区数量上 8/下 8。

②加热区总长 2 715 mm。

③排风量 10 m³/min。

④运输导轨调整范围 60 ~ 600 mm。

⑤运输方向可选择。

⑥运输带高度 900 mm ± 20 mm。

⑦PCB 运输方式链传动 + 网传动。

⑧运输带速度 0 ~ 2 000 mm/min。

⑨电源三相 380 V,工频 50 Hz 或者 60 Hz 可选。

⑩升温时间:20 min。

⑪温控范围:室温 ~ 300 ℃。

⑫温控方式 PID 全闭环控制,SSR 驱动。

⑬温控精度 ± 1 ℃。

⑭PCB 板温度分布偏差 ± 2 ℃。

2)NT-8N-V2 回流焊炉各温区温度设定

回流焊进行焊接前,需要对各温区的温度进行设置,NT-8N-V2 回流焊炉各温区温度设定的参考值见表 5.7。对需要进行焊接的不同电路板,各温区温度可进行设置。

表 5.7  NT-8N-V2 回流焊炉各温区温度设定参考表

| 温　区 | ZONE1 | ZONE 2、3、4、5、6 | ZONE7 | ZONE8 |
|---|---|---|---|---|
| 预设温度 | 120 ~ 160 ℃ | 150 ~ 210 ℃ | 180 ~ 250 ℃ | 250 |

在生产实践中要根据锡膏厂商给出的温度曲线参考值和实际生产情况进行调节,PCB 板的大小、厚度、材质、贴装元器件的类型都是温度设置要参考的主要内容,不能一概而论。

3)NT-8N-V2 回流焊炉故障分析与排除

①控制软件报警分析与排除见表 5.8。

表 5.8  控制软件报警分析与排除

| 报警故障 | 软件处理方式 | 报警原因 | 报警排除 |
|---|---|---|---|
| 系统电源中断 | 系统自动进入冷却状态并把炉内 PCB 自动送出 | 外部断电<br>内部电路故障 | 检修外部电路<br>检修内部电路 |
| 热风马达不转动 | 系统自动进入冷却状态 | 热继电器损坏或跳开<br>热风马达损坏或卡死 | 复位热继电器<br>更新或修理马达 |
| 传输马达不转动 | 系统自动进入冷却状态 | 热继电器跳开<br>调速器故障<br>马达卡住或损坏 | 复位热继电器<br>更换调速器<br>更新或修理马达 |
| 掉板 | 系统自动进入冷却状态 | PCB 掉落或卡住<br>运输入口出口电眼损坏<br>外部物体误感应入口电眼 | 把板送出<br>更换电眼 |

| 报警故障 | 软件处理方式 | 报警原因 | 报警排除 |
|---|---|---|---|
| 盖子未关闭 | 系统自动进入冷却状态 | 上炉胆误打开<br>升降丝杆行程开关移位 | 关闭好上炉胆,重新启动<br>重新调整行程开关位置 |
| 温度超过最高温度值 | 系统自动进入冷却状态 | 热电偶脱线<br>固态继电器输出端短路<br>计算机 40P 电缆排插松开<br>控制板上加热指示灯常亮 | 更换热电偶<br>更换固态继电器<br>插好插排<br>更换控制板 |
| 温度低于最低温度值 | 系统自动进入冷却状态 | 固态继电器输出端断路<br>热电偶接地<br>发热管漏电,漏电开关跳开 | 更换固态继电器<br>调整热电偶位置<br>维修或更换发热管 |
| 温度超过报警值 | 系统自动进入冷却状态 | 热电偶脱线<br>固态继电器输出端常闭<br>计算机 40P 电缆排插松开<br>控制板上加热指示灯常亮 | 更换热电偶<br>更换固态继电器<br>插好插排<br>更换控制板 |
| 温度低于报警值 | 系统自动进入冷却状态 | 固态继电器输出端断路<br>热电偶接地<br>发热管漏电,漏电开关跳开 | 更换固态继电器<br>调整热电偶位置<br>维修或更换发热管 |
| 运输马达速度偏差大 | 系统自动进入冷却状态 | 运输马达故障<br>编码器故障<br>控制输出电压错误<br>调速器故障 | 更换马达<br>更换编码器<br>更换控制板<br>更换调速器 |
| 启动按钮未复位 | 系统处于等待状态 | 紧急开关未复位<br>未按启动按钮<br>启动按钮损坏<br>线路损坏 | 复位紧急开关并按下启动按钮<br>更换按钮<br>修好电路 |
| 紧急开关按下 | 系统处于等待状态 | 紧急开关按下<br>线路损坏 | 复位紧急开关并按下启动按钮<br>检查外部电路 |

②典型故障分析与排除见表5.9。

表 5.9　典型故障分析与排除

| 故　障 | 造成故障的原因 | 如何排除故障 | 机器状态 |
|---|---|---|---|
| 升温过慢 | ①热风马达故障<br>②风轮与马达连接松动或卡住<br>③固态继电器输出端断路 | ①检查热风马达<br>②检查风轮<br>③更换固态继电器 | 长时间处于"升温过程" |

续表

| 故　障 | 造成故障的原因 | 如何排除故障 | 机器状态 |
|---|---|---|---|
| 温度居高不下 | ①热风马达故障<br>②风轮故障<br>③固态继电器输出端短路 | ①检查热风马达<br>②检查风轮<br>③更换固态继电器 | 工作过程 |
| 机器不能启动 | ①上炉体未关闭<br>②紧急开关未复位<br>③未按下启动按钮 | ①检修行程开关<br>②检查紧急开关<br>③按下启动按钮 | 启动过程 |
| 加热区温度升不到设置温度 | ①加热器损坏<br>②热电偶有故障<br>③固态继电器输出端断路<br>④排气过大或左右排气量不平衡<br>⑤控制板上光电隔离器件损坏 | ①更换加热器<br>②检查或更换热电偶<br>③更换固态继电器<br>④调节排气调气板<br>⑤更换光电隔离器 4N33 | 长时间处于"升温过程" |
| 运输电机不正常 | 运输热继电器测出电机超载或卡住 | ①重新开启运输热继电器<br>②检查或更换热继电器<br>③重新设定热继电器 | ①信号灯塔红灯亮<br>②所有加热器停止加热 |
| 上炉体顶升机构无动作 | ①行程开关到位移位或损坏<br>②紧急开关未复位 | ①检查行程开关<br>②检查紧急开关 | |
| 计数不准确 | ①计数传感器的感应距离改变<br>②计数传感器损坏 | ①调节技术传感器的感应距离<br>②更换计数传感器 | |
| 计算机屏幕上速度值误差偏大 | 速度反馈传感器感应距离有误 | ①检查编码器是否故障<br>②检查编码器线路 | |

③NT-8N-V2 的维护保养见表 5.10。

表 5.10　NT-8N-V2 的维护保养

| 编号 | 保养位置 | 维护周期 | 推荐用润滑油型号 |
|---|---|---|---|
| 1 | 机头各轴承及调宽链条 | 每月 | 钙基润滑脂 ZG-2,滴点大于 80 ℃ |
| 2 | 顶升丝杆及螺母 | 每月 | 钙基润滑脂 ZG-2,滴点大于 80 ℃ |
| 3 | 同步链条、张紧轮及轴承 | 每月 | 钙基润滑脂 ZG-2,滴点大于 80 ℃ |
| 4 | 导柱、托网带滚筒轴承 | 每月 | 钙基润滑脂 ZG-2,滴点大于 80 ℃ |
| 5 | 机头运输链条过轮用轴承 | 每月 | 钙基润滑脂 ZG-2,滴点大于 80 ℃ |

| 编号 | 保养位置 | 维护周期 | 推荐用润滑油型号 |
|---|---|---|---|
| 6 | PCB 运输链条<br>（计算机控制自动滴油润滑） | 每天 | 杜邦 KRYTOX GPL107 全氟聚醚润滑油（耐高温 250 ℃） |
| 7 | 机头齿轮、齿条 | 每月 | 钙基润滑脂 ZG-2,滴点大于 80 ℃ |
| 8 | 炉内齿轮、齿条 | 每周 | 杜邦 KRYTOX GPL107 全氟聚醚润滑油（耐高温 250 ℃） |
| 9 | 机头丝杆及传动方轴 | 每月 | 钙基润滑脂 ZG-2,滴点大于 80 ℃ |

### 5.2.6　回流焊焊接结果分析

IPC-A-610 标准收集了业内有关电子组件的外观质量可接受要求,电子产品中 SMA 的验收一般以 IPC-A-610D（电子装配可接收性的标准）为验收标准。电子装配可接收性作为电子装配的标准,为人们广泛地接受,其焦点集中在焊点上面。根据该标准,要求焊点焊料适中,焊料与被焊金属表面要有良好的润湿性,焊点牢固可靠。

1）IPC-A-610 标准中部分关键词语的解释与定义

①允收标准。包括理想状况、允收状况和拒收状况。

②理想状况。组装情形接近理想与完美的组装结果,有良好的组装可靠度,判定为理想状况。

③允收状况。组装情形未符合接近理想状况,但能维持组装可靠度视为合格状况,判定为允收状况。

④拒收状况。组装情形未符合标准,其有可能影响产品的功能性,但基于外观因素以维持本公司产品的竞争力,判定为拒收状况。

⑤次要缺陷。单位缺陷的使用性能,实质上并未降低其实用性,且仍能达到所期望的目的,一般为外观或机构组装上的差异。

⑥主要缺陷。缺陷对产品的实质功能已失去实用性或造成可靠度降低,产品损坏,功能不良。

⑦致命缺陷。缺陷足以造成人体或机器伤害,或危及生命财产的安全。

2）结果分析

回流焊是 SMT 关键工艺之一,回流焊接的结果直接影响表面组装的质量。影响回流焊接结果的因素很多,如生产线环境、生产线设备条件、温度曲线的设置、PCB 的加工质量、PCB 焊盘的可生产性设计、元器件的可焊性、锡膏质量、前道工序工艺参数设置、操作人员的操作等都与焊接结果密切相关。

（1）生产物料对回流焊质量的影响

①PCB 的影响

SMT 组装质量与 PCB 焊盘设计有十分重要的直接关系。PCB 焊盘设计正确,即便贴片时元器件有少量的偏移,也可以在回流焊时因熔融焊料表面张力的作用而得以校正。如 PCB 焊盘设计不正确,即使贴片时元器件位置很准确,也会在回流焊后出现元器件的偏移、立碑等焊接缺陷。焊盘的质量会影响组装质量,如焊盘氧化、污染、受潮,回流焊时会产生润湿不良、虚焊、焊料球、空洞等焊接缺陷。

②元器件的影响

元器件的焊接端或引脚氧化、污染,回流焊时会产生润湿不良、虚焊、焊料球、空洞等焊接缺陷。IC 器件引脚共面性不良,会导致焊接时产生虚焊等焊接缺陷。

③锡膏的影响

锡膏中金属粉末的含量、黏度、触变性、印刷性对焊接质量都会产生影响,如锡膏中金属粉末的含量高,会引起润湿不良、焊料飞溅形成焊料球;锡膏黏度低或触变性不好,印刷图形会塌陷,造成粘连,回流焊时会产生焊料球、桥连等焊接缺陷

(2)生产线设备条件对回流焊质量的影响

①印刷设备的影响

模板的质量、开口厚度、开口尺寸、开口面是否光滑会影响印刷锡膏量,锡膏量不足会产生虚焊,焊料量过多会产生桥连;印刷机的精度和重复精度会对印刷结果起作用,印刷的质量会直接影响焊接质量。

②回流焊设备的影响

回流焊炉温度精度应达到 ±(0.1～0.2)℃,传送带横向温度差要求 ±5 ℃以下,才能保证焊接质量;传送带宽度要满足最大 PCB 尺寸要求;回流焊炉加热区越长、加热区越多,就越容易调整温度曲线;传送带传送要平稳,传送带的震动会造成器件的位移、立碑、冷焊等焊接缺陷。

(3)生产工艺对回流焊质量的影响

①印刷工艺的影响

设置好印刷机的各项参数,如刮刀速度、刮刀压力、刮刀与模板的角度等,这些参数与锡膏的黏度之间存在着相互制约的关系,只有掌握好印刷工艺才能保证锡膏印刷质量。对回收的锡膏要妥善保管与使用,环境温度、湿度、灰尘都会对回收的锡膏再次使用产生影响。

②贴装工艺的影响

贴装工艺对焊接质量有很大影响。要求元器件要贴装在正确的位置上;元器件的焊端或引脚要和焊盘图形尽量对齐;片式元件要预防立碑现象的产生,对质量较大的器件,如 IC、继电器等贴装偏移时,回流焊自定位效应小,对这类器件必须贴装准确才可以进入回流焊工序。

另外,当贴片压力不足时,锡膏对器件的黏性不足,焊接会使器件发生位移。当贴片压力过大时会将锡膏挤出过多,焊接会造成桥连。

③回流焊工艺的影响

回流焊的温度曲线是保证焊点焊接质量的关键。实际温度曲线与锡膏温度曲线的升温速率和峰值应基本一致。如果升温速度过快,一方面,会使元器件和 PCB 板受热太快,易造成元器件损坏、PCB 板变形;另一方面,锡膏中的溶剂挥发速度加快,容易溅出金属成分,产生焊料球。峰值温度应比锡膏中金属熔点高 30～40 ℃,回流时间为 30～60 s。峰值温度过高或回流时间长,会造成金属粉末氧化,影响焊点强度,甚至损坏 PCB 板和元器件。

从以上分析可知,生产线环境、生产线设备条件、温度曲线的设置、PCB 的加工质量、PCB 焊盘的可生产性设计、元器件的可焊性、锡膏质量、前道工序工艺参数设置、操作人员的操作等因素都与焊接质量密切相关。总之,PCB 板设计、PCB 的加工质量、元器件与锡膏质量是保证焊料焊接质量的基础,这些问题在生产工艺中是无法解决的。只有保证 PCB 板设计、PCB 的

加工质量、元器件与锡膏质量都是合格的,回流焊质量是可以通过印刷、贴装、回流焊工序的工艺过程来控制的。

3)常见回流焊接缺陷的分析与解决措施

在回流焊接过程中,常见的焊接缺陷包括冷焊、不润湿、立碑、偏移、芯吸、桥连、空洞、焊球、锡膏不足、虚焊等,在此主要分析与异常焊点形态有关的缺陷。

(1)立碑

立碑现象主要发生在小型片式元器件上,正常时片式元器件被焊接在两极相对的焊盘上,当出现缺陷时,元件一端离开焊盘垂直地立起来,就像立在墓地的碑一样,立碑现象也称为曼哈顿现象。立碑形成的主要原因分析及解决措施见表 5.11。

表 5.11　立碑形成的主要原因分析及解决措施

| 缺陷示意图 | 缺陷形成的主要原因分析 | 解决措施 |
|---|---|---|
| | 两端焊料的初始润湿力不同所导致,这种差异来自两个焊端表面的温差和可焊性的差异,具体如下:<br>①元件排列设计有缺陷。被焊接的片式矩形元器件的一个端头锡膏先熔化,润湿被焊金属表面,具有液态表面张力,另一端锡膏未熔化,只有锡膏的黏结力<br>②焊盘设计质量影响。焊盘大小不同或不对称<br>③被焊接金属表面受到污染。加热温度不均匀,两个焊端可焊性不等<br>④贴装压力小,元器件焊端浮在锡膏表面,锡膏粘不住元器件,在传递和回流焊时产生位移 | ①保持元器件两端同时进入回流区,使焊盘两端锡膏同时熔化<br>②严格按标准设计焊盘<br>③加强对原材料的来料检验与保管,元器件与 PCB 板的储存环境与生产环境要达到要求<br>④保证贴装质量,贴装要注意 Z 轴的高度与压力,贴装不合格的产品不能流入回流焊工序 |

(2)偏移

偏移是指元器件在水平面上移动,造成回流焊的元器件不对准。偏移形成的主要原因分析及解决措施见表 5.12。

表 5.12　偏移形成的主要原因分析及解决措施

| 缺陷示意图 | 缺陷形成的主要原因分析 | 解决措施 |
|---|---|---|
| | 锡膏印刷位置不准,焊料量不均匀,贴装位置不准,被焊接金属表面被污染,焊盘比引脚大太多,回收使用的锡膏助焊剂活性不足等 | 保证印刷锡膏合格,保证贴装质量合格,妥善保管回收的锡膏,注意元器件与 PCB 板的储存环境与生产环境要达到要求,上道工序不合格的产品不能流入下道工序 |

（3）焊料球

焊料球是指回流焊时焊料离开被焊接处,凝固后散布在焊点附近的微小珠状焊料。PCB板的元器件与布线密集,焊料球会造成短路,从而影响产品的性能。焊料球形成的主要原因分析及解决措施见表5.13。

表5.13　焊料球形成的主要原因分析及解决措施

| 缺陷示意图 | 缺陷形成的主要原因分析 | 解决措施 |
|---|---|---|
| | ①回流焊温度曲线设置不当,如预热区时间短,使锡膏中的水分溶剂未完全挥发出来,水分溶剂沸腾,溅出焊料球<br>②如在PCB统一位置上反复出现焊料球,很大的可能性是金属模板设计结构不当,模板开口壁粗糙造成漏印锡膏轮廓不清晰,引起桥连,特别是正对细间距器件,回流焊后会造成大量的焊料球产生<br>③贴片工序到回流焊工序的时间太长<br>④贴片时,$Z$轴压力过大,将锡膏挤出焊盘<br>⑤二次印刷的PCB板清洗不干净,锡膏残留于PCB板表面和通孔之中<br>⑥元器件重新对准贴放,使漏印锡膏变形 | ①调整温度曲线,严格控制预热区升温速率<br>②用设计合格的金属模板生产<br>③贴片后及时焊接,选用工作寿命长的锡膏<br>④调整$Z$轴的压力、高度<br>⑤加强对员工的管理培训,加强操作员的责任心,严格按工艺规程操作生产,严格工艺过程的控制<br>⑥选择适用的锡膏,注意元器件、PCB板锡膏的储存环境,生产环境要达到要求 |

（4）桥连

桥连是焊料在不应形成焊点连接的地方形成了连接,形成焊料桥,造成元器件损坏,致使组件完全丧失功能,严重影响产品的电器特性。桥连形成的主要原因分析及解决措施见表5.14。

表5.14　桥连形成的主要原因分析及解决措施

| 缺陷示意图 | 缺陷形成的主要原因分析 | 解决措施 |
|---|---|---|
| | PCB板焊盘间距过细、印刷锡膏过多、印刷锡膏图形塌陷、贴片时压力过大、预热时间不充分、焊盘污染等 | 从模板的制作、印刷工艺、贴片工艺、回流焊工艺来严格控制,减少桥连的发生 |

（5）润湿不良

润湿不良是指焊盘或器件引脚上的焊料覆盖范围小于目标焊料润湿面积,回流焊后使机体金属暴露在外。润湿不良形成的主要原因分析及解决措施见表5.15。

表 5.15　润湿不良形成的主要原因分析及解决措施

| 缺陷示意图 | 缺陷形成的主要原因分析 | 解决措施 |
| --- | --- | --- |
| | ①焊料质量不好,内含杂质,金属粉末不规则<br>②焊盘、元器件引脚氧化、污染<br>③回流焊使温度、时间设置不合理 | ①选用符合工艺要求的焊料并妥善保管<br>②加强对原材料的来料检验与保管,元器件与 PCB 板的储存环境与生产环境要达到要求,防止焊盘、元器件引脚氧化、污染<br>③调整温度曲线,尽可能采用氮气回流焊 |

（6）裂纹

裂纹是在焊点上发生裂缝,是焊点受外力或热应力作用的结果。裂纹形成的主要原因分析及解决措施见表 5.16。

表 5.16　裂纹形成的主要原因分析及解决措施

| 缺陷示意图 | 缺陷形成的主要原因分析 | 解决措施 |
| --- | --- | --- |
| | ①焊接温度过高,焊点变形大<br>②冷却速度过快<br>③锡膏、焊盘铜箔、元器件引脚之间的热膨胀系数相差太大,焊接过程中受热产生的应力较大 | ①控制焊接温度,减小焊点变形<br>②降低冷却速率<br>③控制材料工艺性,选用热膨胀系数小的 PCB,减小变形产生的板级应力<br>④选用适应的焊料<br>⑤妥善保管元器件与 PCB 板,防止焊盘、元器件引脚氧化、污染 |

（7）气孔

气孔是指分布在焊点表面或内部的气孔、针孔或空洞。焊点的气孔会造成断路或导通不良,使焊点的抗疲劳能力下降,影响组件的可靠性。气孔形成的主要原因分析及解决措施见表 5.17。

表 5.17　气孔形成的主要原因分析及解决措施

| 缺陷示意图 | 缺陷形成的主要原因分析 | 解决措施 |
| --- | --- | --- |
| | ①预热温度不够,时间短<br>②升温阶段时间太短,造成没挥发的助焊剂被夹在锡点内<br>③锡膏中助焊剂活性剂、有机溶剂及高沸点的有机物与温度曲线设定不匹配,或锡膏配方不适应 | ①设置合理的温度曲线<br>②选用适应的焊料 |

## 5.3　波峰焊工艺技术

### 5.3.1　波峰焊工艺

**1）波峰焊原理**

波峰焊是指熔融的液态焊锡料借助泵的作用在焊料槽表面形成特定形状的焊料波,已插装好元器件的 PCB 板被置于传送链上,经过助焊剂的喷涂,以某一特定的角度及一定的浸入深度穿过焊料的波峰而实现焊点焊接的过程。波峰焊主要用于传统的通孔插装工艺以及表面组装与通孔插装元器件的混装工艺。如图 5.22 所示为波峰焊接过程的示意图。

当电路板以某一特定的角度进入波峰焊的焊接区(波峰发生器)后,以一定的浸入深度穿过焊料的波峰后在电路板上形成焊点,如图 5.23 所示,从图中可以看出焊点的形状和结构,焊点的外观应光滑、均匀、对称,焊点充满整个焊盘,并与焊盘大小比例合适。

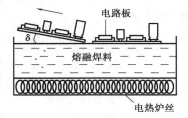

图 5.22　波峰焊过程示意图

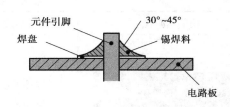

图 5.23　波峰焊焊点

**2）波峰焊的分类**

根据市场上不同客户的需求开发出了不同款式的波峰焊机来满足客户的不同需求。按外形分类,波峰焊可分为微型波峰焊、小型波峰焊、中型波峰焊和大型波峰焊。根据波峰形状及工作原理不同,波峰焊可分为单波峰焊和双波峰焊。

**(1)单波峰焊**

单波峰焊是借助泵的作用将熔融的焊料不断垂直向上地从狭长出口涌出,形成 20 ~ 40 mm 高的波峰,熔融的焊料以一定的速度和压力作用于 PCB 板上,充分润湿待焊接元器件的引脚与焊盘完成焊接,单波峰焊示意图如图 5.24 所示。

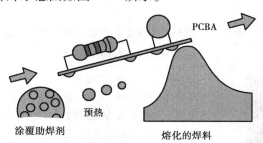

图 5.24　单波峰焊示意图

在现代电子装联中,通孔插装元件 THC 一般都与表面组装元器件 SMC/SMD 混装。波峰焊比较适合分立元器件,如电阻、电容、二极管以及小外形封装晶体管 SOT、双列直插器件 DIP 等的焊接。在许多情况下,SMC/SMD 需由贴片胶预先粘接在 PCB 的背面(焊接面)。对小外形封装集成电路 SOIC 和四边引脚封装器件如 PLCC、LCCC 等通常要贴放到 PCB 的正面,这是要避免潜在的可靠性问题(如活性焊剂可能沿引脚浸入器件封装内部,在回流焊中,焊料只是与引脚直接接触而不触及整个器件封装体,这种问题并不突出)和焊接工艺性问题(如焊接中的阴影作用和桥连)。除非有良好的元器件布局设计和焊接工艺设计与控制,一般不推荐上述器件直接经历波峰焊。

　　在混装工艺中,置于波峰焊焊接面上的片式元器件直接贴放在 PCB 的焊盘上。元器件的这种贴装形式使其在波峰焊时有可能遇到回流焊中没有的问题。其中,"排气效应"和"阴影效应"是两个主要问题,由此产生的区域称为"焊接死区"。

　　在排气效应中,元器件的焊端与 PCB 形成了死角结构,这使焊料不易到达焊端的根部,如图 5.25 所示。潮湿的焊剂在高温产生的气体更增加了这种倾向,导致焊点(根部)焊料不足甚至出现漏焊的现象。排气效应是焊剂预热不充分造成的,大量的溶剂在焊接高温下的汽化造成了排气效应。通常,这一现象可以通过增加溶剂的挥发程度,如提高组件的预热温度、延长预热时间加以改善,也可以在焊盘上增加气体溢出边孔的方法加以解决。

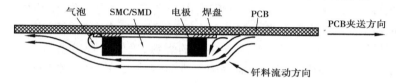

图 5.25　排气效应

　　在阴影效应中,由于器件本体的遮挡,焊料波无法良好地充分接触器件在组件运动方向后侧的引脚焊区,引起该侧焊区润湿不良、焊料不足、焊接桥连等缺陷,如图 5.26 所示。阴影效应除了由器件本体产生之外,若元器件布置得过于密集也可能由邻近的其他元器件造成。

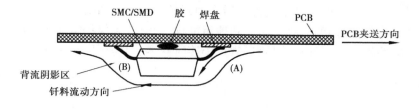

图 5.26　阴影效应

　　为减小"焊接死区"的影响,应当在元器件的布局设计时,考虑引脚与焊接时的 PCB 运动方向,这样可以保证焊接中的焊区能够不受遮挡地同步接触焊料波峰。同时应当调整相互之间的间距,特别是大器件与邻近的小器件布置间距,避免焊端或引脚受到遮挡。如果片式元器件很多,则应使大多数的布局满足这一要求。此外,焊接小型元件如 0805 以下尺寸的元件时,焊盘距离很近,在元件底部焊盘之间可能出现桥连问题。这样的桥连是由毛细管作用产生的,一般只能在焊后的测试中检测出来。这种桥连一般可通过适当增加波峰焊焊盘间距或增加一个伪焊盘加以解决。为了解决单波峰焊出现的"排气效应"和"阴影效应"两个问题,出现了双波峰焊。

（2）双波峰焊

早期的波峰焊多采用单波峰焊,随着高密度封装和无铅技术的发展,目前在混装工艺中常用双波蜂焊。双波峰焊是防止通孔插装元器件焊点拉尖、桥连和片式元器件排气效应和阴影效应的有效工艺措施。

双波峰焊有前后两个波峰:第一个焊料波是乱波(振动波或紊流波);第二个焊料波是平滑波。

①乱波的作用和特点

乱波从一个狭长的缝隙中喷出,以一定的压力、速度冲击着 PCB 的焊接面并进入元器件各狭小密集的焊区。冲击压力使乱波能够较好地渗入一般难以进入的密集焊区,有利于克服排气、遮挡形成的焊接死区,提高焊料到达死区的能力,大大减少了漏焊以及垂直填充不足的缺陷。但是乱波的冲击速度快、作用时间短,其对焊区的加热、焊料的润湿扩展并不均匀、充分,焊点处可能出现桥连或粘附了过量的焊料等现象,需要第二个波峰进一步作用。

②平滑波的作用和特点

平滑波其波面较宽、运动速度较慢,在靠近波峰表面的中心区域上,PCB 与焊料流动的相对速度可以近似为零。在这样一种相对静止的情况下,焊料能够充分润湿、扩展,有利于形成充实的焊点。当焊点离开波峰的瞬间,少量焊料由于自身内聚力的作用而收缩并黏附在焊盘和引脚之间,并在熔融焊料的表面张力作用下收缩形成焊点,多余焊料则流回焊料槽中。经过平滑波整理后,消除可能的拉尖、桥连,去除多余的焊料,确保了焊接质量。为了克服 PCB 上的"焊接死区",有些波峰焊机的第一个波峰由一排喷嘴喷出,喷嘴同时来回运动,使得焊料波峰能够不断冲入这些不易焊接的区域。

双波峰焊的工作流程如图 5.27 所示,当完成点(或印刷)胶、贴装、胶固化、插装通孔元器件的印制电路板从波峰焊机的入口端随传送带向前运行,通过助焊剂发泡(或喷雾)槽时,使印制电路板的下表面和所有的元器件端头和引脚表面均匀地涂敷一层薄薄的助焊剂。随传送带运行印制电路板进入预热区(预热温度为 90 ~ 130 ℃),助焊剂中的溶剂被挥发掉,这样可以减少焊接时产生气体。助焊剂中松香和活性剂开始分解和活性化,可以去除印制电路板焊盘、元器件端头和引脚表面的氧化膜以及其他污染物,同时起到保护金属表面防止发生再氧化的作用。印制电路板和元器件充分预热,避免焊接时急剧升温产生热应力损坏印制电路板和元器件。

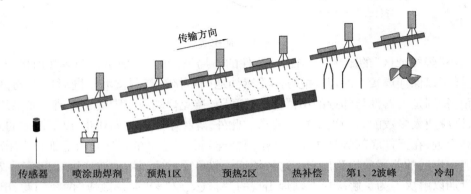

图 5.27  双波峰焊的工作流程

印制电路板继续向前运行,印制电路板的底面首先通过第一个熔融的焊料波,第一个焊料波是乱波,使焊料打到印制电路板底面所有的焊盘、元器件焊端和引脚上,熔融的焊料在经过助焊剂净化的金属表面上进行浸润和扩散,然后印制电路板的底面通过第二个熔融的焊料波,第二个焊料波是平滑波,平滑波将引脚及焊端之间的连桥分开,并去除拉尖等焊接缺陷。当印制电路板继续向前运行离开第二个焊料波后,自然降温冷却形成焊点,即完成焊接,双波峰焊示意图如图 5.28 所示。

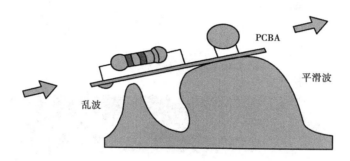

图 5.28　双波峰焊示意图

**3）波峰焊基本工艺流程**

电路板通过传送带进入波峰焊机以后,会经过助焊剂涂敷装置,在这里助焊剂通过发泡或喷射的方法涂敷到电路板上。由于大多数助焊剂在焊接时必须要达到并保持一个活化温度来保证焊点的完全浸润,因此电路板在进入波峰槽前要先经过一个预热区。助焊剂涂敷之后的预热可以逐渐提升 PCB 的温度并使助焊剂活化,这个过程还能减小组装件进入波峰时产生的热冲击。它还可以用来蒸发掉所有可能吸收的潮气或稀释助焊剂的载体溶剂,如果这些东西不去除,它们会在过波峰时沸腾并造成焊锡溅射,或者产生蒸气留在焊锡里面形成中空的焊点或砂眼。波峰焊机预热段的时间由传送带速度来决定。另外,双面板和多层板的热容量较大,它们比单面板需要更高的预热温度。波峰焊基本工艺流程。如图 5.29 所示。

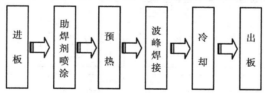

图 5.29　波峰焊基本工艺流程

### 5.3.2　波峰焊机的结构

波峰焊机是实现波峰焊的设备,是实现表面组装与通孔插装元器件的混装工艺的设备。波峰焊机外观如图 5.30 所示,波峰焊机内部结构实物图如图 5.31 所示。

波峰焊机一般由助焊剂喷涂系统、PCB 预热系统、波峰发生器、冷却系统、传输系统、光电控制系统等组成。另外,还有链条上的夹爪清洁系统和空气压缩系统、污浊空气排放系统以及焊料的控温系统。在波峰焊机导轨传输系统上有一些光电传感器,主要控制 PCB 的焊接过程,高端的波峰焊机还有充氮系统。波峰焊机内部结构如图 5.32 所示。

图 5.30　波峰焊机外观示意图

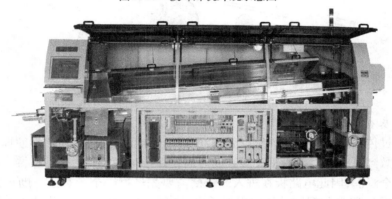

图 5.31　波峰焊机内部结构实物图

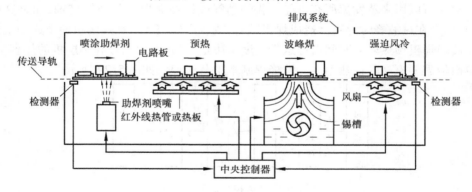

图 5.32　波峰焊机内部结构

1）助焊剂喷涂系统

助焊剂喷涂系统由红外传感器及喷嘴组成。已插完元器件的电路板,将其嵌入治具,由波峰焊机入口处的接驳装置以一定的倾角和传送速度送入波峰焊机内,然后被连续运转的链爪夹持,途径红外传感器。红外传感器的作用是感应有没有电路板进入,如果有电路板进入,传感器会感应到,控制器会打开位于电路板下方的喷嘴,在压缩空气的推动下喷头沿着治具的起始位置来回匀速喷雾,使电路板的裸露焊盘表面、焊盘过孔以及元器件引脚表面均匀地涂敷一层薄薄的助焊剂。

涂敷助焊剂的方法有多种,包括喷雾式、喷流式、发泡式等,目前使用较多的是喷雾式助焊剂喷涂系统,如图 5.33 所示。

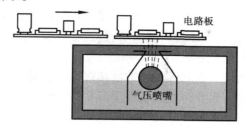

图 5.33　喷雾式助焊剂喷涂系统

(1)助焊剂的主要作用

①清除焊接元器件、印刷板铜箔以及焊锡表面的氧化物。

②以液体薄层覆盖被焊金属和焊锡的表面,隔绝空气中的氧对它们的再一次氧化。

③起界面活性作用,改善液态焊锡对被焊金属表面的润湿。

(2)助焊剂在焊锡过程中应具备的性能

①助焊剂应有足够的能力清除被焊金属和焊料表面的氧化膜。

②助焊剂要有适当的活性温度范围,在焊锡熔化前开始作用,降低液态焊锡表面张力起作用。

③助焊剂要有良好的热稳定性。

④助焊剂的密度要小于液态焊锡的密度,促进焊锡与基材的润湿与铺展,避免焊点内部夹渣。

⑤助焊剂及残渣不应有腐蚀性,不应析出有毒、有害气体,要有符合电子工业规定的绝缘电阻,不吸潮,不产生霉菌。

2)预热系统

进入预热区域,PCB 板焊接部位被加热到润湿温度,元器件温度升高,避免了浸入熔融焊料时受到大的热冲击,预热能使 PCB 板与元器件上的热应力作用降到最小,同时也有助于活化钎剂。这两点在工业化大批量生产时显得尤为重要。在预热阶段,电路板表面的温度应在 90 ~ 110 ℃为宜,无铅焊的预热温度要高一些。

(1)预热的主要作用

①助焊剂中的溶剂被挥发掉,这样可以减少焊接时产生气体。

②助焊剂中松香和活性剂开始分解和活性化,可以去除印制板焊盘、元器件端头和引脚表面的氧化膜及其他污染物,同时起到保护金属表面防止发生高温再氧化的作用。

③使 PCB 板和元器件充分预热,避免焊接时急剧升温产生热应力损坏 PCB 板和元器件。

(2)波峰焊机常见的预热方法

①空气对流加热。

②红外加热器加热。

③热空气和辐射相结合的方法加热。

(3)预热的时间和温度

在生产实践中,预热温度和时间要根据印制板的大小、厚度,元器件的大小、多少,以及贴装元器件的多少来确定。多层板以及有较多贴装元器件时预热温度取上限,不同 PCB 类型和组装形式的预热温度不完全相同,生产时一定要结合组装板的具体情况,做工艺试验或试焊后进行设置。预热时间由传送带速度来控制。例如,预热温度偏低或预热时间过短,焊剂中的溶剂挥发不充分,焊接时产生气体引起气孔、锡球等焊接缺陷;预热温度偏高或预热时间过长,焊剂被提前分解,使焊剂失去活性,同样会引起毛刺、桥连等焊接缺陷。

（4）预热区的长度

预热区的长度影响预热温度,在调试不同的波峰焊机时,应考虑这一点对预热的影响。预热区较长时,温度可调得较接近想要得到的板面实际温度;预热区较短时,则应相应地提高其预定温度。

3）波峰发生器

目前,波峰焊接工艺基本上都采用双波峰焊接。在焊接运行过程中,电路板先经过第一个波峰,第一波峰是狭窄的喷口的"湍流"波峰,该波峰流速快,对组件有较大的冲击力,使熔融的焊料对被焊接金属表面有较好的渗透性,对装有高密度元器件的电路板和有阴影的焊接部位也有较好的渗透性。同时,湍流波向上的喷射力使助焊剂气体顺利排除,大大减少了漏焊以及垂直填充焊料不足的缺陷,提高了焊接的可靠性。

但是通过第一个波峰的组件浸锡后,在 PCB 板上存在着很多的桥连、锡多、焊点拉尖、焊点表面不光洁、焊点强度不足等缺陷。此后,组件要经过第二个波峰。第二波峰是一个"平滑"波,平滑波比较平滑、稳定,焊锡流动速度慢一点,能有效去除端子上的过量焊锡,使所有的焊接面润湿良好,并能对第一波峰造成的拉尖和桥连进行充分的修正。平滑波有利于合格焊点的形成,能去除掉焊点上多余的焊料,得到充实饱满无缺陷的合格焊点,确保了组件的可靠性。波峰发生器如图 5.34 所示。

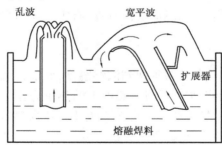

图 5.34　波峰发生器

4）冷却系统

波峰焊接之后要快速冷却以便焊点的形成,快速冷却有助于增加焊点的机械强度,提高生产效率。冷却系统是采用冷却风扇快速散热降温,使已经焊接好的电路板尽快冷却出板,进入下一道工序。

5）传输系统

波峰焊接中 PCB 传送机构的作用是使 PCB 能以某一特定的倾斜角进入和离开钎料波峰。目前使用的传输系统是一条安放在滚轴上的金属传送带,它支撑着电路板移动并通过波峰焊区域。在传送带上,电路板组件通过金属机械手予以支撑,托架能够进行调整,以满足不同尺寸电路板的需求,也可以按需要尺寸进行加工制造。

6）控制系统

随着计算机技术的迅猛发展,现在波峰焊机采用了计算机控制,不仅降低了成本,还提高了生产效率。提高硬件软化技术,简化系统结构,使设备可靠性大大提高,操作维护更简便,人机界面友好。目前市面上的机型都实现了计算机控制。

### 5.3.3　波峰焊工艺参数

**1)温度曲线**

以 Sn63Pb37 焊料为例,典型的温度曲线如图 5.35 所示。设置合理的温度曲线是保证波峰焊质量的关键要素。

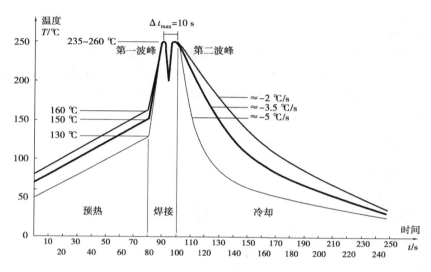

图 5.35　典型的温度曲线

波峰焊温度曲线确立了组件预热时的升温速率、浸入熔融焊料的焊接受热时间以及焊后的冷却速率。焊接前,必须根据被焊组件的特征设置相应的温度曲线,它是取得优良焊接的保证。它分为预热、焊接和冷却等区域。其中,预热起到蒸发焊剂中的溶剂,激活焊剂活性成分和去除氧化、促进焊料润湿扩展并防止片式元器件特别是片式电容等受热冲击开裂、PCB 翘曲等作用。一般情况下,预热温度控制在 180 ~ 200 ℃,预热时间 1 ~ 2 min,组件预热时的升温速率应为 2 ~ 3 ℃/s。与回流焊相比,升温带宽控制相对较宽。熔融的焊料温度通常控制为 235 ~ 245 ℃,焊料温度与预热温度差应为 100 ~ 120 ℃,具体取值要根据元器件的耐热性和组件特性决定。波峰焊结束时,对组件的冷却速率多采用 2 ~ 4 ℃/s。

**2)焊料槽温度**

波峰焊焊接温度是影响焊接质量的一个重要工艺参数。当焊接温度过低时,焊料的扩展率、润湿性能变差,焊盘或元器件焊端不能充分地润湿,从而产生虚焊、拉尖、桥连等缺陷;当焊接温度过高时,加速了焊盘、元器件引脚及焊料的氧化,易产生虚焊。波峰与被焊接金属表面结合处的有效温度为 235 ~ 245 ℃时,最适合的浸渍时间首选 3.5 s。由于结合部的有效温度往往低于焊料槽内钎料的温度,因此要保持结合部的有效温度为 245 ℃,焊料槽温度应控制在 250 ~ 255 ℃为宜。

**3)轨道倾角**

轨道倾角对焊接效果的影响较为明显,特别是在焊接高密度 SMT 器件时更是如此。当倾角太小时,较易出现桥连,特别是在焊接中,SMT 器件的遮蔽区更易出现桥连;当倾角过大时,虽然有利于桥连的消除,但焊点吃锡量太少,容易产生虚焊。轨道倾角应控制在 3° ~ 7°,在生产实践中首选 4°。

4)波峰的高度

波峰的高度是指在波峰焊接中 PCB 板吃锡的高度,以压锡深度为 PCB 厚度的 $1/3 ~ 1/2$ 为准,也就是说波峰顶端要超过印刷电路板焊接面,但是不能超过元器件面。波峰的高度会因焊接工作时间的推移而有一些变化,应在焊接过程中进行适当的修正,以保证理想高度进行焊接。

5)钎料液面高度控制

钎料在焊料槽中的高度对焊接质量会产生影响。一般波峰机焊料槽的质量为 200 ~ 300 kg,如果液面高度下降,表示焊料量少,这时沉在焊料槽底部的锡渣有可能被泵再喷流出来,浮渣夹杂在波峰中,会导致波峰不稳定,或堵塞泵和喷嘴。要正确控制焊料槽中的液面高度,一般要求锡面静止不喷流时,焊料槽中的液面高度离锡槽边缘 10 cm。

### 5.3.4 CAS-350-SMT-B 波峰焊机的操作

1)波峰焊机操作前的检查

(1)波峰焊机表面点检作业

波峰焊机表面点检作业主要检查确认机体表面、安全罩盖支撑杆是否能正常工作、计算机操作系统外观。波峰焊机表面点检作业项目及确认方法见表 5.18。

表 5.18 波峰焊机表面点检作业

| 序号 | 确认项目 | 确认方法 | 确定结果 | 措 施 |
|---|---|---|---|---|
| 1 | 确认机体表面 | 是否覆盖油污和灰尘 | 需要用无尘纸清洁<br>(是? 否?) | 使用清洁纸擦拭机体表面 |
| 2 | 确认安全罩盖支撑杆是否能正常工作 | 安全罩开、关检验 | 开、关正常<br>(是? 否?) | 进行维修 |
| 3 | 确认计算机操作系统外观 | 是否覆盖油污和灰尘 | 需要用无尘纸清洁<br>(是? 否?) | 使用清洁纸擦拭计算机操作系统外观 |

(2)传送系统相关装置点检作业

传送系统相关装置点检作业主要检查确认轨道、链条、链爪、齿轮、轴承、传动轮、轨道两侧间隙。传送系统相关装置点检作业项目及确认方法见表 5.19。

表 5.19 传送系统相关装置点检作业

| 序号 | 确认项目 | 确认方法 | 确定结果 | 措 施 |
|---|---|---|---|---|
| 1 | 确认轨道 | 轨道是否正常,轨道间是否平行 | 是否需要进行水平调整<br>(是? 否?) | 调整轨道 |

续表

| 序号 | 确认项目 | 确认方法 | 确定结果 | 措　施 |
|---|---|---|---|---|
| 2 | 确认链条<br>确认链爪 | 润滑是否良好<br>链爪开启、关闭是否良好 | 是否需要清洁油垢<br>（是？否？）<br>是否需要添加高温油<br>（是？否？） | 清洁污垢或者添加高温油 |
| 3 | 确认齿轮<br>确认轴承<br>确认传动轮 | 转动是否顺畅 | 是否需要添加润滑油<br>（是？否？） | 加入润滑油 |
| 4 | 确认轨道<br>两侧间隙 | 与 PCB 板的间隔是否<br>在 0.4～1 mm 之间 | 是否需要调整<br>（是？否？） | 调整轨道两侧间隙 |

（3）助焊剂喷涂系统相关装置点检作业

助焊剂喷涂系统相关装置点检作业主要检查确认助焊剂装置中助焊剂容量、喷嘴。助焊剂喷涂系统相关装置点检作业项目及确认方法见表 5.20。

表 5.20　助焊剂喷涂系统相关装置点检作业

| 序号 | 确认项目 | 确认方法 | 确定结果 | 措　施 |
|---|---|---|---|---|
| 1 | 确认助焊剂装置中助<br>焊剂容量 | 测量液面到容器底部<br>的高度 | 高度是否合格<br>（是？否？） | 加入或减少助焊剂 |
| 2 | 确认喷嘴 | 是否堵塞 | 是否堵塞<br>（是？否？） | 清洁喷嘴 |

（4）其他系统相关装置点检作业

其他系统相关装置点检作业主要检查确认冷却风扇、加热装置、热风风扇、锡面高度。其他系统相关装置点检作业项目及确认方法见表 5.21。

表 5.21　其他系统相关装置点检作业

| 序号 | 确认项目 | 确认方法 | 确定结果 | 措　施 |
|---|---|---|---|---|
| 1 | 确认冷却风扇 | 扇叶转动顺畅<br>无助焊剂或其他污垢 | 是否需要清洁（是？否？） | 清洁冷却风扇 |
| 2 | 确认加热装置 | 有无助焊剂附着 | 是否需要清洁（是？否？） | 清洁加热装置 |
| 3 | 确认热风风扇 | 扇叶转动顺畅<br>无助焊剂或其他污垢 | 是否需要清洁（是？否？） | 清洁热风风扇 |
| 4 | 确认锡面高度 | 测量液面到容器边缘高度 | 是否需要加入焊料（是？否？） | 加入或者减少焊料 |

2）波峰焊机开机运行与关机

在各处点检工作完成之后，就可以开机运行波峰焊机进行生产了。生产完成后或在需要关机进行维护保养或者维修时，要按照正确的方法关闭波峰焊机。

（1）开机步骤

①检查电源是否接入，应急开关是否复位。

②打开主电源开关。

③打开稳压电源开关。

④焊接前 2 h 打开锡加热开关。

⑤提前 30 min 打开预热器开关。

⑥打开计算机操作系统。

⑦打开传送开关。

⑧选择所需程序投入生产。

（2）关机步骤

①关闭气源。

②关闭锡加热开关。

③关闭预热器开关。

④调整传送速度为零，关闭传送开关。

⑤退出计算机操作界面。

⑥关闭主电源开关。

⑦关闭稳压电源。

（3）波峰焊机运行注意事项

①每次维护保养后先检视机内有无异物，隔 15 min 再启动工作程序。

②波峰机运行时，手、身体不要伸入炉中。

③生产过程中不允许打开安全罩。

④生产过程中如出现异常情况，应及时关闭电源进行检查和检修。

### 5.3.5　波峰焊焊接结果分析

波峰焊焊接后形成的焊点是否为合格的焊点，需要进行判断，合格的焊点才能满足焊接要求，而不合格的焊点需要进行返修或返工处理。

1）合格的焊点

合格的焊点应在充分润湿的焊盘上形成对称的焊角，并终止于电路焊盘的边缘，如图5.36所示。合格的焊点需要满足以下 3 个条件：

①焊点有足够的机械强度，一般可采用把被焊元器件的引线端子打弯后再焊接的方法。

②焊接可靠，保证导电性能。

③焊点表面整齐、美观，焊点的外观应光滑、清洁、均匀、对称、整齐、美观、充满整个焊盘并与焊盘大小比例合适。

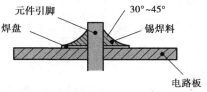

图 5.36　合格的焊点

合格焊点的具体要求如下：

①元器件在印制板上的穿孔焊接,要求印制板金属化孔的两面都应出现焊角,单面板仅要求在有电路的焊接面出现焊角。

②焊点外观应光滑、无针孔,不允许出现虚焊和漏焊现象。

③焊点上应没有可见的焊剂残渣。

④焊点上应没有拉尖、裂纹和夹杂现象。

⑤焊点上的焊锡应适量,焊点的湿润角以 15°~30° 为佳,焊点的大小应和焊盘相适应。

⑥密实焊点是优质合格焊点的重要标志之一,其强度高、导电性好、抗腐蚀力强,不会造成内部腐蚀脱焊现象。实际焊接过程中较难获得完全无气孔夹杂的焊点。对于军品来说,一般要求在一个焊点上气孔或空穴不集中在一处,且不超过表面积的 5%;民品可适当放宽。

⑦扁平式封装集成电路的引线在印制板上的平面焊接焊料不应太多,应略显露引线的轮廓。

2)常见的波峰焊焊接缺陷及解决措施

焊点出现波峰焊焊接缺陷,均为不合格焊点。波峰焊中常见的焊接缺陷有焊料不足、多锡、焊料拉尖、焊点桥连、焊锡珠、漏焊、虚焊、气孔、冷焊、锡丝、锡网、焊缝起翘、元件损坏、焊料上吸等。

(1)桥连

焊点桥连又称桥连,是元件端头之间、元器件相邻的焊点之间以及焊点与邻近的导线、过孔等电气上不该连接的部位被焊锡连接在一起,形成焊料桥,可造成元器件损坏,致使组件完全丧失功能,严重影响产品的电气特性。桥连形成的主要原因分析及解决措施见表 5.22。

表 5.22　桥连形成的主要原因分析及解决措施

| 缺陷示意图 | 缺陷形成的主要原因分析 | 解决措施 |
| --- | --- | --- |
| | ①PCB 焊盘设计不合理,焊盘间距小<br>②焊料杂质太多,助焊剂失效或不足<br>③预热温度过低<br>④预热时间不足 | ①一个按照规范设计的 PCB 板,波峰焊时焊盘间距大于 0.65 mm<br>②定期去除锡渣<br>③使用合格的助焊剂并妥善保管<br>④调整预热温度和传送带速度 |

(2)气孔

气孔是指分布在焊点表面或内部的气孔、针孔。焊点的气孔会造成断路或导通不良,使焊点的抗疲劳能力下降,影响组件的可靠性。气孔形成的主要原因分析及解决措施见表 5.23。

表 5.23　气孔形成的主要原因分析及解决措施

| 缺陷示意图 | 缺陷形成的主要原因分析 | 解决措施 |
| --- | --- | --- |
| | ①预热温度低,助焊剂来不及挥发<br>②传送速度过快,助焊剂来不及挥发<br>③焊料或 PCB 板中杂质 | ①提高预热温度<br>②降低传送速度<br>③选用合格的锡膏和 PCB 板并妥善保管 |

（3）焊料不足

焊料不足是指焊点干瘪、焊料不足、焊点不饱满。焊料不足形成的主要原因分析及解决措施见表5.24。

表5.24　焊料不足形成的主要原因分析及解决措施

| 缺陷示意图 | 缺陷形成的主要原因分析 | 解决措施 |
|---|---|---|
| | ①被焊金属表面可焊性差，不易上锡<br>②助焊剂活性低，不能完全除去被焊金属表面氧化物<br>③焊锡槽液面位置低<br>④温度曲线设计不合理，峰值温度不够<br>⑤传送速度过快，来不及上锡 | ①加强来料检验，妥善保管生产物料，防止氧化<br>②使用活性稍高的助焊剂<br>③检测焊锡槽液面位置，补充焊锡<br>④设置合理的温度曲线<br>⑤调整传送速度 |

（4）多锡

多锡是指焊点上焊料堆积。多锡形成的主要原因分析及解决措施见表5.25。

表5.25　多锡形成的主要原因分析及解决措施

| 缺陷示意图 | 缺陷形成的主要原因分析 | 解决措施 |
|---|---|---|
| | ①焊料槽温度低，焊锡冷却过快，无法完全脱板<br>②传送角度偏小，使焊锡分离角度小，焊锡分离不彻底<br>③传送速度过快，焊锡来不及脱板 | ①调整焊料槽温度<br>②调整传送角度，使焊锡分离良好<br>③调整传送速度 |

（5）焊料拉尖

拉尖也称为冰柱，是指焊点顶部拉尖呈冰柱状、小旗状。焊料拉尖影响外观，易造成桥连。拉尖形成的主要原因分析及解决措施见表5.26。

表5.26　焊料拉尖形成的主要原因分析及解决措施

| 缺陷示意图 | 缺陷形成的主要原因分析 | 解决措施 |
|---|---|---|
| | ①焊锡冷却过快，无法完全脱板<br>②传送速度过快，焊锡来不及脱板<br>③PCB设计有缺陷，传热不均<br>④元器件、焊盘可焊性差<br>⑤助焊剂活性不够<br>⑥助焊剂喷涂量少 | ①设置合理的温度曲线<br>②调整传送速度<br>③按规范设计PCB板<br>④确保元器件、PCB板可焊性良好<br>⑤使用活性稍高的助焊剂<br>⑥注意掌握助焊剂喷涂量 |

（6）漏焊

漏焊是指应该焊接的焊点没有焊接上。漏焊形成的主要原因分析及解决措施见表 5.27。

表 5.27　漏焊形成的主要原因分析及解决措施

| 缺陷示意图 | 缺陷形成的主要原因分析 | 解决措施 |
| --- | --- | --- |
| | ①被焊金属表面有污染物或严重氧化,不易上锡<br>②焊料氧化,没有及时除去焊渣<br>③波峰太低,被焊接处粘不上锡 | ①防止被焊金属表面氧化,保持PCB 板清洁<br>②定时除去焊料的浮渣<br>③检查焊锡量,调整波峰高度 |

### 5.3.6　波峰焊机的保养

为了保证波峰焊机的正常工作和完成企业平时正常的生产量,平时要注重波峰焊机的保养和维护。

1）波峰焊机的保养内容

波峰焊机的保养主要从 4 个方面进行,即波峰焊发热管部分保养、波峰焊电气部分保养、波峰焊机械部分保养和波峰焊喷雾部分保养。

（1）波峰焊发热管部分保养

设备在运行时,有时会出现发热不均匀,发热管老化、断裂,温控表示不准确(可能会导致误判)等情况,这是没有定期对发热管进行正常维护造成的。为了使设备能够正常运行与使用,要定期对发热管部分进行保养。

高温氧化产生的渣需要定期清理,如果有防氧化装置,需要定期清理系统的锡渣,定期给高温轴套加入高温黄油,定期用专用工具清理喷锡嘴上孔及多孔板的锡渣,防止堵孔。建议一个月对锡炉喷嘴进行清理,长期不清理,可能导致喷嘴拆不下来。

（2）波峰焊电气部分保养

如果波峰焊设备运转时间太长、未保养、未检修或未更换一些部件,就会引起电气部件(如交流接触器、继电器电流表、电压表等)电线的绝缘电阻增大,使之导电性能减弱,接触不良,在通电时会拉弧光、短路。此时电路中的电流就会成倍增长,可能烧坏电气部件的仪表。不仅使机械设备电气部分严重受损,耽误生产,还会对人体造成伤害。

（3）波峰焊机械部分保养

如果波峰焊设备运转时间太长、未保养,就会出现螺丝松脱,齿轮牙轮密和度不好,链条速度减慢,传动轴可能生锈导致轨道变形(如喇叭口、梯形等形状),导致掉板、卡板现象,出现炉后品质不良、轨道水平变形等故障情况。既影响机械的本身性能又耽误生产时间,使用时一定要对波峰焊设备做一个分时间段的点检表,分成每日、每周、每月、每季度进行保养维护。

①每天工作完后清洗喷头,清扫传送带上的污物。

②每周清洁风扇叶轮(若机器长时间不使用,请停机后把风扇清理干净,以防下次开机时导致风扇烧坏);清洁预热并检查热风马达转动是否正常;给输送轨道加高温机油,检查传动是否正常(不发抖,速度显示正确);清洁调宽窄系统上的污物,并加适当高温黄油,两周 1 次。

③每月取出波峰网罩进行清理,对锡缸感应器、发热管、振动泵进行清理和保养;对机台、锡缸、雾槽水平校正。

④每季度对波峰焊设备进行电路检查,校正显示仪表。

(4)波峰焊喷涂部分保养

波峰焊设备如果长时间生产不对喷涂系统进行保养会导致光电感应失灵,PLC 程序控制不准确,与轨道马达、喷涂马达同步的识码器识别资料不精确,喷涂马达速度减慢等故障。这些故障会影响助焊剂喷雾不均匀(量不均匀,可能会提前或延后喷雾),导致喷嘴堵塞,压力不够,流量减少,助焊剂水分增多等现象,影响炉后的品质,增加检修成本。

波峰焊喷涂部分的日常护理:工作时关闭酒精阀,打开松香阀,清洗时关闭松香阀,打开酒精阀,按下主控画面"边喷开"按钮清洗 3~5 min,清除喷头及管内的凝固松香,等喷头静止后,用抹布清洁喷头及外围残余物质,此步骤每天下班前进行 1 次。

为了保证助焊剂喷嘴的正常使用与维护,必须了解助焊剂喷嘴的结构。助焊剂喷嘴主要包括喷头帽、喷嘴主体部分、顶针(活塞)、喷头底盖(流体调节帽)等。助焊剂直通喷嘴孔,由喷嘴孔流出,顶针顶住喷嘴孔来控制关、开状态,喷头底盖加弹簧控制顶针的松紧即可以控制助焊剂量的大小,将调水管的气压调到 0.2 kPa,将调气管的气压调到 0.02~0.05 kPa,即有气与助焊剂一起喷出,喷出的雾状是圆形的,如果想将雾状调成椭圆形的,只需拧松右侧面的螺钉即可。调整助焊剂量的大小时,将喷头底盖拧松或拧紧,或者调整调水管气压大小。

助焊剂喷嘴的常见故障如下:

①喷头只有气喷出没有助焊剂喷出。

②启动时喷头有气喷出,移动了一两个来回才喷出助焊剂或停下时气停了还有助焊剂冒出,过一两秒才停。

③喷出的雾状是扁的,不是圆形或椭圆形。

④启动瞬间喷出大量助焊剂,喷两下有气进入助焊剂管内,造成没有助焊剂喷出来。

波峰焊喷嘴的维护保养及处理方法如下:

①先看有没有气压,将气压调到相应的位置,拔下喷头上助焊剂接头看有没有助焊剂流出,如果管内有空气,将管内空气排出,将喷头底盖拧松。

②将喷头底盖拧下,拿出弹簧,用钳子拔出顶针,在顶针皮圈上加黄油,装回去即可。

③用毛刷蘸稀释剂或酒精刷一刷喷头帽或有时间可以拆下喷头帽清洗一下上面的小孔。在生产时可 1 h 刷 1 次。

④若喷头帽没拧紧,将其拧紧,若喷头嘴松了,用专用扳手拧紧喷头嘴,千万不能尝试用钳子夹住拧紧,否则喷头帽拧不上。

2)波峰焊每日保养与维护方法

①检查空气压力是否充足。

②检查压力表的显示值与 SOP 内的规定值是否一致,如果不一致,应通过调节旋钮进行调整,直至压力值在规定范围内。

③捞除锡槽中锡渣(1 次/2 h)。清除锡渣,选用配套工具清理锡槽、大小波峰槽、滤网等区域的锡渣至锡槽两侧的锡渣盒。

④清洁助焊剂喷嘴头(4 h)。放入酒精或稀释剂中用软刷清洗。

⑤清理锡槽中的锡渣。

⑥锡槽降至最低再移出（注意导轨水平）。分别将大、小锡槽及两个滤网内锡渣清除至锡渣盒。采用相关工具进行细部的锡渣清理。

⑦清洁感应器。采用洁净的布蘸酒精、稀释剂或清洁剂擦拭。

⑧清洁窗口玻璃及内部照明灯。采用洁净的布蘸玻璃清洁剂擦拭。

⑨检查爪片是否变形并更换。目视爪片是否平整,如有变形应立即给予修整,无法修整者应予以更换。

## 习题与思考

1. 简述回流焊的工艺原理。

2. 简述回流焊的基本工艺流程。

3. 简述回流焊的分类。

4. 回流焊的组成有哪些?

5. 描述时间—温度曲线的各个区。

6. 回流焊炉操作前的检查有哪些?

7. NT-8N-V2 热风回流焊炉的主要技术参数有哪些?

8. 分析立碑现象产生的原因及解决措施。

9. 分析气孔产生的原因及解决措施。

10. 简述波峰焊的工艺原理。

11. 简述波峰焊机的结构。

12. 波峰焊焊接缺陷有哪些?

13. 分析波峰焊中焊料不足产生的原因及解决措施。

14. 简述波峰焊机的保养内容。

# 第 **6** 章

# SMA 清洗工艺技术

电子产品焊接后通常会受到污染而影响产品的电气指标、可靠性和使用寿命。污染物包括助焊剂,锡膏和黏合剂的残留物,制造流程中的尘土、操作员手上的油脂、汗液等。SMA 组装后都有清洗的必要,特别是一类电子产品,如军事电子设备、空中使用的电子设备、医疗电子设备等高可靠性要求的 SMA。二类电子产品,如通信、计算机等耐用电子产品的 SMA,组装后也必须进行清洗。通过清洗这一工艺过程,去除污染物,保证产品质量。三类电子产品,如家电和某些使用了免清洗工艺技术进行组装的二类电子产品可以不清洗。随着组装密度的提高,控制 SMA 的洗净度显得非常重要,焊接后的 SMA 的洗净度等级关系组装的长期可靠性。清洗是 SMT 工艺技术中的重要环节。

## 6.1   清洗的作用与方法分类

1)清洗的主要作用

清洗实际上是一种去污染的工艺。SMA 的清洗就是要去除组装后残留在 SMA 上的、影响其可靠性的污染物。组装后清洗 SMA 的主要作用如下:

①防止电气缺陷的产生,如漏电等。造成这种缺陷的主要原因是 PCB 上存在离子污染物、有机残留物和其他黏附物。

②清除腐蚀物的危害。腐蚀物会损害电路,造成器件脆化。腐蚀物本身在潮湿的环境中可以导电,会使 SMA 发生短路。

③便于对 SMA 进行测试。在测试过程中能保证测试点接触良好,保证组件的电气测试。

④使组件的外观更加清晰美观,同时也为后道工序的进行提供保证。

2)清洗技术方法分类

清洗技术方法可以按清洗介质、清洗方法、清洗工艺和设备等进行分类。

①按清洗介质分类,清洗技术可以分为有机溶剂清洗和水清洗。对不同的污染物,根据污染物的性质,在把污染物清除干净的前提下,选择相对应的清洗介质。

②按清洗方法分类,清洗技术可以分为高压喷洗清洗和超声波清洗。高压喷洗清洗是采用高压原理来清除污染物,超声波清洗是采用超声波原理来清除污染物。

③按清洗工艺和设备分类,清洗技术可以分为批量式清洗和连续清洗。批量式清洗系统采用蒸气清洗技术来进行清洗,连续清洗的原理和批量式清洗一样,整个过程在清洗设备中连续完成。

不同的清洗方法和技术有不同的清洗设备系统,可根据不同的应用和产量的要求选择相应的清洗工艺技术和设备。

## 6.2　污染物分析

本节所讨论的污染物是指残留在 SMA 上的残留物。污染物是指各种表面沉积物或杂质,以及被 SMA 表面吸附或吸收的能使 SMA 性能降低的物质。这里从清洗的角度来分析污染物的种类和清洗原理。

1)SMA 表面污染物的种类

SMA 表面污染物的种类包括离子性污染物、非水溶性污染物和不溶性颗粒污染物。

(1)离子性污染物

焊剂主要有可溶于有机溶剂的焊剂和可溶于水的焊剂两种类型。SMA 所用的标准型焊剂是可溶于有机溶剂的焊剂,这种焊剂被广泛用于回流焊接的锡膏中,以及双波峰焊接工艺中。它们主要由天然树脂、合成树脂、润湿剂、活化剂等成分组成。水溶性助焊剂成分来自松香或合成催化助焊剂的活性剂。助焊剂在去除焊接部位的氧化物、降低焊料表面张力、提高润湿性的同时,也是 SMA 表面污染物的主要来源。这种污染物是焊接加热之后的焊接生成物,这些物质属于离子性污染物(或称极性污染物),它们会使导体之间的绝缘电阻降低,在湿热条件下还会腐蚀 PCB 上的金属线路,危害极大。对这类离子性污染物,应采用极性溶剂溶解清洗,并辅以加热、机械搅拌等物理方法进行去除。

(2)非水溶性污染物

不溶于水的非离子残留物来自松香、合成树脂、免清洗助焊剂配方中的有机化合物、指纹等。这类污染物是不会被电离为离子的一类物质,它们对 PCB 板表面的润湿性、组装涂敷层均有不利影响。这类污染物比较难清洗,通常采用非极性溶剂来溶解污染物,辅以加热、喷淋等物理方法进行清洗。

(3)不溶性颗粒污染物

不溶性颗粒污染物通常来自工作环境尘埃中的硅酸材料、水解或氧化的松香、某些助焊剂反应产物、阻焊材料上的硅土等。在采用松香型助焊剂焊接的 SMA 上,常发现不溶解的白色或褐色剩余物,这种剩余物主要成分是松香酸盐。对这类污染物一般采用机械清洗方式,如通过强力喷射、刷洗、超声波清洗等物理手段去除。

表 6.1 为污染物的类型和可能的来源。在大多数情况下,组件上的污染物并不是单一存在的,可溶性污染物和不溶性污染物是混杂在一起的。在生产实践中,焊接后要尽快进入清洗工序,如果焊接完成后的 SMA 长期搁置,不利于污染物的清洗去除,一般焊接完成后 SMA 会在 30 min 内进入清洗工序,搁置时间不宜超过 2 h。

表 6.1　污染物的类型和可能的来源

| 污染类型 | 可能的来源 |
|---|---|
| 有机化合物 | 焊剂残留物、焊剂掩膜、编带、手指印 |
| 无机难溶物 | 焊剂残留物、光刻胶、PCB 处理 |
| 有机金属化物 | 焊剂残留物 |
| 可溶无机物 | 焊剂残留物、酸、水 |
| 颗粒物 | 空气中的尘埃、有机物残留 |

2）清洗原理

（1）污染物结合机理

①物理结合。

物质与物质之间的结合是依靠分子与分子之间形成的键连接在一起的，这个"键"称为"物理键"，这种结合称为物理结合。物理键的键能比较小，就是说两种物质的结合紧密度较小，清洗起来相对比较容易。污染物黏合的物理结合可以包括机械力和吸收力（毛细作用力），这种力将 PCB 表面污染物拉住。例如，在 PCB 上铜箔被蚀后，PCB 表面就形成凹凸不平的显微表面，使得 PCB 真正表面积是人肉眼可视表面积的几十倍，这是污染物和 PCB 表面之间很强的机械结合的理想条件。当毛细作用将污染物吸附进 PCB 或组件多孔区，这种被吸收的污染物和留在基板表面上的污染物相比更加有害，也更不易清洗。

②化学结合。

物质与物质之间的结合是依靠原子与原子之间的价键耦合连接在一起的，这个"键"称为"化学键"，这种结合称为化学结合。化学键的键能比较大，就是说两种物质的结合紧密度大，"你中有我，我中有你"，清洗起来比较难。PCB 上的铜箔和元器件的引脚所形成的金属氧化物就是价键耦合的例子。

污染物不只以物理结合或化学结合存在，有的污染物同时具有这两种键的结合，是一种相互共存的状态。在 SMA 清洗过程中，遇到的大多是这种情况。

（2）去污染机理

去除 SMA 上的污染物，就是要削弱和破坏污染物和 SMA 之间的结合。采用适当的溶剂，通过污染物和溶剂之间的溶解反应和皂化反应提供能量，就可以达到破坏它们之间的结合，使污染物溶解在溶剂中，从而达到从 SMA 上去除污染物的目的。

# 6.3　清洗工艺技术与设备

目前焊接后 SMA 组件的非"消耗臭氧层物质"的清洗工艺方法有溶剂清洗、半水清洗和水清洗。无论采用哪一种清洗方法，重要的问题是水的处理。需要什么样的水；水来自哪里；如何净化；清洗完成后废水的排放，整个过程怎样达到环保要求；如何管控等是需要慎重思考的问题。

1）溶剂清洗

（1）批量式溶剂清洗

批量式溶剂清洗技术普遍用于 SMA 的清洗。溶剂清洗系统采用蒸气清洗技术,也称为蒸气脱脂技术。这种工艺方法是将需要清洗的 SMA 放入溶剂蒸气中,蒸气遇到相对温度低的组件后,在其表面凝结成"露珠"并释放出气相潜热,形成的液态"露珠"溶剂与 SMA 上的污染物发生作用,将其溶解,含有污染物的"露珠"离开并带走污染物。若加以喷淋等机械力的冲刷和反复多次的蒸气清洗,清洗效果会更好。通过蒸气冷凝的方法将含有污染物的溶液回收。喷淋后的组件仍在蒸气区内,当组件表面温度达到蒸气温度时,不再出现热交换,这时,组件已清洁干燥,达到清洗的目的。图 6.1 为批量式溶剂清洗设备和工作原理示意图。

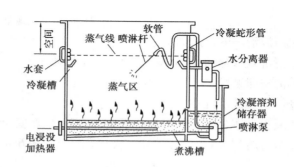

图 6.1　批量式溶剂清洗设备和工作原理示意图

批量式溶剂清洗工艺过程:加热有机溶剂—放板—气相洗—喷淋—干燥—出板。

（2）连续式溶剂清洗

连续式溶剂清洗工艺原理与蒸气脱脂技术清洗方法相同,是指让 SMA 经过蒸气加热溶解污染物,然后喷淋干燥的工艺过程。不同的是整个过程是在清洗设备中连续完成,此方法适用于大批量生产。图 6.2 为连续式溶剂清洗设备结构示意图。

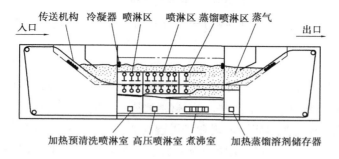

图 6.2　连续式溶剂清洗设备结构示意图

连续式溶剂清洗工艺过程:加热有机溶剂—放板—气相洗—喷淋—干燥—出板。

（3）超声波清洗

超声波清洗是在蒸气脱脂技术的基础上发展起来的,不同的是设备多了一套超声波发生装置。超声波清洗的基本原理是"空化效应（Cavitation Effect）",当高于 20 kHz 的高频超声波

137

通过能量转换器转换成高频机械振荡传入清洗液中,超声波在清洗液中疏密相间地向前辐射,使清洗液流动并产生数以万计的微小气泡,这些气泡不停地、迅速地生成,生长、闭合(熄灭),这种现象就是空化现象,如图 6.3 所示。空化现象产生的小气泡,就像一连串的小"爆炸",不断轰击被清洗表面,包括细孔、凹陷位置或其他隐蔽处,"轰炸"不留死角,使污染物迅速脱离被清洗表面。

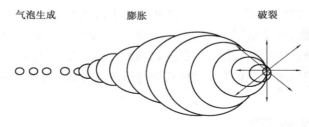

气泡生成　　　　膨胀　　　　破裂

图 6.3　空化现象

超声波清洗的优点如下:

①清洗效果全面、清洁度高,全方位不留死角。

②清洗速度快,生产效率高。

③不损坏被清洗物表面。

④减少人体直接接触溶剂的机会,提高了生产安全性。

⑤节省溶剂、热能、工作场地面积、人力等。图 6.4 为超声波清洗机外观图。

图 6.4　超声波清洗机外观图

超声波清洗工艺过程:加热有机溶剂—放板—超声清洗—喷淋—干燥—出板。

2)水清洗

(1)半水清洗

半水清洗属于水清洗的范畴,不同的是清洗时加入某种对环境没有破坏作用、无毒、无腐蚀性、可分离型的环保溶剂。半水清洗对溶剂的要求是既是松香的良溶剂,又能溶解在水中,还不污染环境。半水清洗多用萜烯溶剂和烃类混合物清洗剂,先用这类溶剂清洗好焊接后的 SMA,再用去离子水漂洗,最后将洗净的 SMA 烘干。在清洗过程中,溶剂与水形成乳化液,清洗完成后待废液静止,可将溶剂从水中分离出来。

半水清洗工艺过程:放板—溶剂清洗—水清洗(两道)—干燥—出板。

(2)水清洗

采用纯净水清洗 SMA 是一种很环保的清洗方法。水清洗设备如图 6.5 所示。水清洗主要针对焊接工艺中使用水溶性焊剂的 SMA 组件,纯净水清洗又可以分为以下两大类:

①在纯净水中加入皂化剂、表面活性剂的水基清洗方式,可以对松香、油污、离子污染等进行清洗。

②使用纯水对水溶性焊料、焊剂进行纯水清洗。清洗时的洗涤和漂洗都是用的纯水或净水。

纯水清洗工艺过程:放板—纯水或水基皂化液—纯水清洗—纯水漂洗—干燥—出板。

图6.5　水清洗机外观图

3)影响清洗的主要因素

影响清洗的主要因素有 PCB 设计、元器件类型与排列、焊剂类型、回流焊接工艺与焊后停留时间、喷淋压力和速度等。

(1)PCB 设计

如果 PCB 的设计没有考虑清洗的潜在影响,就会导致清洗困难。为了易于去除焊剂剩余物和其他污染物,PCB 设计应考虑以下因素:

①避免在元器件下面设置电镀通孔。在采用波峰焊焊接的情况下,焊剂会通过设置在元器件下面的电镀通孔流到 SMA 上表面或者 SMA 上表面的 SMD 下面,给清洗带来困难。为了防止这种情况的出现,应尽量避免在元器件下面设置电镀通孔,或采用焊接掩膜覆盖电镀通孔。

②PCB 厚度和宽度相匹配,厚度适当。在采用波峰焊接时,较薄的基板必须用加强筋或加强板增加抗变性能力,而这种加强结构会截流焊剂,清洗时难以去除,使清洗后还有焊剂剩余物留在 PCB 上,以致不得不在清洗前用机械方法去除。

③焊接掩膜黏性优良。焊接掩膜应能保持优良的黏性,经几次焊接工艺后无微裂纹或褶皱。

(2)元器件类型与排列

随着元器件向小型化和薄形化发展,元器件和 PCB 之间的距离越来越小,这使得从 SMA 上去除焊剂剩余物越来越困难,如 LCCC、SOIC、QFP 和 PLCC 等复杂器件焊接后进行清洗时,会阻碍清洗溶剂的渗透和替换。当 SMD 的表面积增加和引线的中心间距减少时,特别是当 SMD 四边都有引线时,会使焊后清洗操作更加困难。又如 LCCC、片式电阻和片式电容等无引线元器件,本身与 PCB 之间几乎无间隔,而仅因焊盘和焊料增加了它们之间的间隙,一般情况下这些元器件 PCB 的间隔为 0.015 ~ 0.127 mm。当使用焊接掩膜时,这个间隔更小,焊接 LCCC 时,采用中度活性的焊剂为宜,以便焊后只在 SMA 上留下较少的焊剂剩余物,减少清洗的困难。

元器件排列方向和元器件引线伸出方向将影响 SMA 的可清洗性,它们对从元器件下面通过的清洗溶剂的流动速度、均匀性和湍流有很大影响。采用连续式清洗系统清洗时,传送带向下倾斜 8° ~ 12°,溶剂以非直角的角度喷射到 SMA 上。在这种较好的清洗条件下,SOIC 的引线伸出方向和片式元件的轴向应垂直于组件清洗移动方向,如图 6.6 所示。在这种取向情况下,通过 PCB 向下流动的溶剂,不会中断或偏离元器件本体下面,从而使清洗较困难的部位获得较佳的清洗效果。

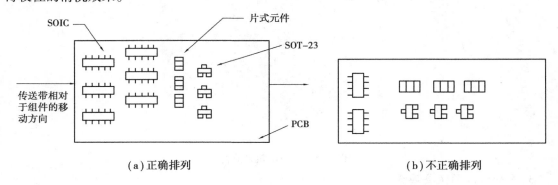

图 6.6　元器件排列对清洗的影响

（3）焊剂类型

焊剂类型是影响 SMA 焊后清洗的主要因素。随着焊剂中固体百分含量和焊剂活性的增加,清洗焊剂的剩余物变得更加困难。在军事和空间装备用的 SMA 上一般使用中度活性的树脂（RMA）和松香（R）型焊剂。对具体的 SMA 应选择何种类型的焊剂进行焊接,必须与组件要求的洗净度等级及其能满足这种等级的清洗工艺结合起来综合考虑。

（4）回流焊接工艺与焊后停留时间

回流焊接工艺对清洗的影响主要表现在预热和回流加热的温度及其停留时间上,也就是回流加热曲线的合理性。如果回流加热曲线不合理,使 SMA 出现过热,会导致焊剂劣化变质,变质的焊剂清洗很困难。焊后停留时间是指焊接后组件进入清洗工序之前的停留时间,即工艺停留时间。在此时间内焊剂剩余物会逐渐硬化,以致无法清洗掉,并且能形成金属卤酸盐等腐蚀物,焊后停留时间应尽可能短。具体的 SMA 必须由制造工艺和焊剂类型确定允许的最长停留时间。

## 习 题 与 思 考

1. 描述 SMA 清洗工艺的作用及分类。
2. SMA 上的污染物种类有哪些?
3. 描述污染物清洗的原理。
4. SAM 清洗工艺技术及设备有哪些?
5. 简述清洗工艺中批量式溶剂清洗的原理。
6. 简述超声波清洗的优点。
7. 描述 SMA 清洗工作中纯水清洗的工艺过程。

# 第 7 章
# SMT 检测工艺技术

## 7.1　SMT 检测方法及设备

随着元器件向着小型化的方向发展,电子产品也不断朝着小型化的方向发展。引脚间距达到 0.1 mm 甚至更小,PCB 板上的布线越来越密, BGA、CSP、FC 频繁使用,SMA 组件越来越复杂。用 SMT 工艺技术生产的产品,对质量检测技术提出了很高的要求,相应的检测技术也有了飞速的发展。SMT 表面组装技术中的检测技术主要包括人工目测法、自动光学检测法(AOI)、在线测试法(ICT)、自动 X 射线检测法(AXI )、功能测试法(FT)等。

### 7.1.1　人工目测法

人工目测法就是利用眼睛或借助 2～20 倍的放大镜,用肉眼来观察检测电路板点胶、锡膏印刷、贴片、焊点及 PCB 板表面质量。此方法的优点是方法简单、投入少、成本低;缺点是效率低、漏检率高、对检验人员焊接知识和识别能力的要求高、和检验人员的认真程度有关。从技术上来说,对空洞等焊接内部的质量问题无法发现。人工目测法在工业化的批量生产中的应用受到限制。但从生产实践来看,大多数电子企业还在用此方法,眼见为实,其简单、方便的方法在实践中的应用还不可或缺,图 7.1 所示为带光源的放大镜。

图 7.1　带光源的放大镜

### 7.1.2　自动光学检测法(AOI)

当元器件的尺寸越来越小、PCB 板的布线间距变窄、贴片密度加大,SMA 的检验难度也越来越大。人工目测法检测的产品,其可靠性和稳定性无法满足生产质量控制的要求,这时需要采用专业的设备来实现自动检测。自动光学检测仪是一种常用的自动检测设备,图 7.2 所示为在线式自动光学检测仪,图 7.3 所示为离线式自动光学检测仪。

图 7.2　在线式自动光学检测仪

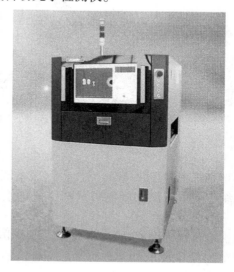

图 7.3　离线式自动光学检测仪

1)AOI 工作原理

AOI 的工作原理是通过 CCD 相机将被摄物体进行图像采集,将采集的图像与标准图进行图形对比,由计算机根据图像的色度比或灰度比进行分析和处理,从而由显示器显示被检测物的图像及显示相应的缺陷。

自动光学检测仪根据在生产线上的位置不同,AOI 主要分为放在锡膏印刷之后的 AOI、放在贴片机后的 AOI 和放在回流焊后的 AOI。根据摄像机位置的不同,AOI 可以分为垂直式相机的 AOI 和倾斜式相机的 AOI。根据 AOI 使用光源情况的不同,使用彩色镜头的机器,光源一般使用红、绿、蓝三色,计算机处理的是色度比;使用黑白镜头的机器,光源一般使用单色,计算机处理的是灰度比。

2)AOI 设备基本结构

自动光学检测仪的基本构造主要包含视觉系统、机械系统和软件系统。其中,视觉系统的作用是执行图像采集功能,机械系统是执行将所检物体传送到指定的监测点,软件系统是将所采集的图像进行分析与处理。

视觉系统由相机、镜头、光源组成,LED 光源发出三色光(红、绿、蓝),三色光照射到元器件上,通过反射,反射光线通过光学镜头聚焦到相机中,相机拍摄到元器件的图像,拍摄到的图像是由三色光线汇聚形成的图像,如图 7.4 所示。

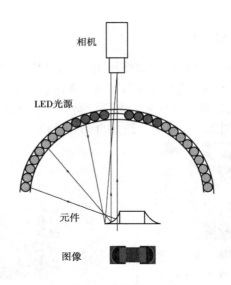

相机

LED光源

元件

图像

图 7.4　视觉系统模型

机械系统主要包含 $X/Y$ 工作台伺服系统、夹板结构、人机界面、输入设备(键盘、鼠标)。机械系统主要由交流伺服电机和精密研磨滚珠丝杆来进行控制,采用伺服电机来作为驱动装置。

线性电机精确度高,但价格昂贵。步进电机的精确度较低,价格十分便宜,采用步进电机作为驱动装置的 AOI,检测的质量是不可信的。伺服电机的精确度仅次于线性马达。对电机的选择要按性价比来进行考量,应选择伺服电机作为驱动装置的 AOI。

3)AOI 设备可以检测的内容

自动光学检测仪一般检测的项目有缺件、错件、坏件、锡球、偏移、侧立、立碑、反贴(翻件)、极反、桥连、虚焊、无焊锡、少焊锡、多焊锡、元件浮起、IC 引脚浮起、IC 引脚弯曲等。

4)AOI 设备在各工序中的应用

(1)PCB 检测

在早期的 PCB 生产中,检测主要由人工目测配合电检测来完成。随着电子技术的发展,PCB 布线密度不断提高,人工目测难度增大,误判率升高,且对检测者的健康损害大。电检测程序编制烦琐,成本高,无法检测某些类型的缺陷,自动光学检测仪越来越多地应用于 PCB 制造中。

PCB 缺陷可大致分为短路(包括基铜短路、细线短路、电镀断路、微尘短路、凹坑短路、重复性短路、污渍短路、干膜短路、蚀刻不足短路、镀层过厚短路、刮擦短路、褶皱短路等)、开路(包括重复性开路、刮擦开路、真空开路、缺口开路等)和其他一些可能导致 PCB 报废的缺陷(包括蚀刻过度、电镀烧焦、针孔)。在 PCB 生产流程中,基板的制作、覆铜有可能产生一些缺陷,但主要缺陷在蚀刻之后产生。AOI 一般在蚀刻工序之后进行,主要用来发现其上缺少的部分和多余的部分。

AOI 一般可以发现大部分缺陷,存在少量的漏检问题,不过主要影响其可靠性的还是误检问题。PCB 加工过程中的粉尘和一部分材料的反射性差都可能造成虚假报警。目前在使用 AOI 检测出缺陷后,必须进行人工验证。

（2）锡膏印刷检测

锡膏印刷是 SMT 的初始环节,也是大部分缺陷的根源所在,60% ~ 70% 的缺陷出现在印刷阶段,如果在生产线的初始环节排除缺陷,可以最大限度地减少损失,降低成本。很多 SMT 生产线都为印刷环节配备了 AOI 设备。

印刷缺陷有很多种,大体上可以分为焊盘上锡膏不足、锡膏过多;大焊盘中间部分锡膏刮擦、小焊盘边缘部分锡膏拉尖;印刷偏移、桥连及玷污等。形成这些缺陷的原因包括锡膏流变性不良、模板厚度和孔壁加工不当、印刷机参数设定不合理、精度不高、刮刀材质和精度选择不当、PCB 加工不良等。通过 AOI 可以有效监控锡膏印刷质量,并对缺陷数量和种类进行分析,从而改善印刷制程。

图 7.5 所示为一种锡膏检测系统的原理图,该系统主要组成部分为摄像机和光纤维*X-Y*工作台系统。在 *X-Y* 桌面安装摄像机,环状光纤维在 *X-Y* 方向移动,采集 PCB 整体的图像来进行检测,利用环状光纤维与环状反射板将倾斜的光照射到锡膏上,摄像头从环状光纤维的正方摄像,测出锡膏的边缘部分算出锡膏的高度,这是一种把形状转化为光的变化进行判定的检测方法。在正常印刷的场合,边缘部分会产生一些隆起,这个部分可对从斜面投射过来的光产生强烈的反射。这种检测方法利用锡膏边缘部分反射回来的光线宽度进行锡膏桥连与锡膏环状等现象判定,而由斜面照射回来的 PCB 表面将呈现暗淡的画像。

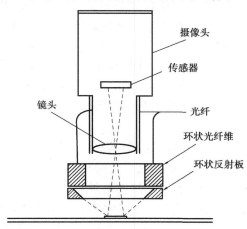

图 7.5　锡膏检测系统的原理图

用 3D 检测,可以对锡膏形态、厚度进行评估,检查锡膏量是否合理、是否有刮擦和拉尖,这些缺陷在使用丝网和橡皮刮刀时出现较多,现在普遍使用不锈钢网板和金属刮刀,锡膏厚度比较稳定,一般不会过多,刮擦现象也很轻微,重点要关注缺印(锡膏过少)、偏移、玷污和桥连等缺陷。采用 2D 检测可以有效地发现这些缺陷,图像对比法和设计规则检验法都可以使用,检测时间短,设备价格也比 3D 检测要低,而且在贴片、回流等后续的工序中如有自动光学检测仪,印刷环节考虑成本也可采用 2D 检测。

（3）贴装检测

元件贴装环节对设备精度要求很高,常出现的缺陷有漏贴、错贴、偏移歪斜、极性相反等。AOI 可以检测出上述缺陷,同时还可以在此检查连接密间距和 BGA 元件的焊盘上的锡膏。图 7.6 所示为某型 AOI 对贴片后的 PCB 检测所采集到的图像。

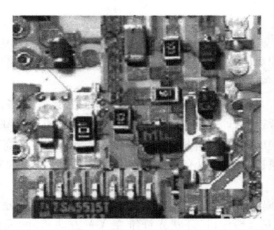

图 7.6　贴片后的 AOI 图像

由于贴片环节之后紧接着回流焊接环节,因此贴装之后的检测有时称为回流焊前端检测。回流焊前端检测从品质保障的观点来看,由于在回流焊炉内发生的问题无法检测出而显得没有任何意义,在回流焊炉内,焊锡熔化后具有自纠正位移,所以焊后基板上无法检测出贴装位移和焊锡印刷状态,但实际上回流焊前端检测是品质保障的重点,回流焊前各个部位的元件贴装状况等在回流焊后就无法检测出来的信息都能一目了然。此时基板上没有不定型的东西,适合进行图像处理,且通过率非常高,检测过分苛刻而导致的误判也大大减少。

AOI 检出问题后将发出警报,由操作人员对基板进行目测确认。缺件以外的问题报告可以通过维修镊子来纠正。在这个过程中,当目测操作人员对相同问题点进行反复多次修复作业时,会提醒各生产设备负责人重新确认机器设定是否合理,此信息的反馈对生产质量提高非常有帮助,可在短时间内实现产品品质的飞跃性提高。

(4)回流焊检测

可简单地将 AOI 分为预防问题和发现问题两种。印刷、贴片之后的检测归类于预防问题,回流焊后的检测归类于发现问题。在回流焊后端检测中,检测系统可以检查元件的缺失、偏移和歪斜情况,以及所有极性方面的缺陷,还要对焊点的正确性以及锡膏不足、焊接短路和翘脚等缺陷进行检测。回流焊后端检测是目前 AOI 较流行的选择,此位置可发现全部的装配错误,提供高度的安全性。图 7.7 所示为回流焊后 AOI 识别的不同类型的缺陷。

(a)桥连　　　　　　　　(b)元件损坏　　　　　　　(c)元件歪斜

图 7.7　回流焊后 AOI 识别的不同类型的缺陷

### 7.1.3　在线测试法(ICT)

在线测试法是通过对在线元器件的电性能及电气连接进行测试来检查生产制造缺陷及元

器件不良的一种标准测试手段。它主要检查在线的单个元器件以及各电路网络的开、短路情况,具有操作简单、快捷迅速、故障定位准确等特点。ICT 分为针床式 ICT 和飞针式 ICT 两种,图 7.8 所示为针床式 ICT 实物图。

图 7.8　针床式 ICT 实物图

1)ICT 原理

(1)针床式 ICT 工作原理

针床式 ICT 工作原理是将 SMA 放置在专门设计的针床上,安装在夹具上的弹簧测试探针与元件的引线或测试焊盘接触,由于接触了板子上的所有网络,因此所有模拟或数字器件均可以单独测试,并可以迅速诊断出故障器件。针床式 ICT 属于接触式测试技术,它具有很强的故障诊断能力,其测试过程如图 7.9 所示。

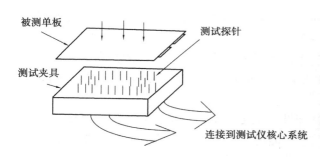

图 7.9　针床式 ICT 示意图

(2)飞针式 ICT

飞针式 ICT 是针床式 ICT 的一种改进。飞针式 ICT 设备采用两组或两组以上的可在一定测试区域内运动的探针取代不可动作的针床,同时增加了可移动的探针驱动结构,采用各类结构的马达来驱动进行水平方向的定位和垂直方向测试点接触。通常飞针式 ICT 设备有 4 个头共 8 根测试探针,最小测试间隙为 0.2 mm。工作时根据预先编排的坐标位置程序移动测试探针到测试点处,与之接触,各测试探针根据测试程序对装配的元器件进行开路/短路或元件测试,图 7.10 为飞针式 ICT。

图 7.10　飞针式 ICT

2）ICT 可以测试的内容

检查电路板上在线元器件的电气性能和电路网络的连接情况,能够定量地对电阻、电容、电感、晶振等器件进行测量,对二极管、三极管、光耦、变压器、继电器、运算放大器、电源模块等进行功能测试,对中小规模的集成电路进行功能测试,如所有 74 系列、Memory 类、常用驱动类、交换类等 IC。

它通过直接对在线器件电气性能的测试来发现制造工艺的缺陷和元器件的不良。对元件类可检查出元件值的超差、失效或损坏,Memory 类的程序错误等。对工艺类可发现如焊锡短路,元件插错、插反、漏装,管脚翘起、虚焊,PCB 短路、断线等故障。

测试的故障直接定位在具体的元件、器件管脚、网络点上,故障定位准确。对故障的维修不需较多专业知识。采用程序控制的自动化测试,操作简单,测试快捷迅速,单板的测试时间一般为几秒至几十秒。

3）ICT 的应用

目前,SMT 工艺中引脚间距为 0.1 mm 的 IC 器件、贴片元件 0201 和 01005 在实际生产中被广泛使用,电路的组装密度也趋于 0.1 ~ 0.2 mm 间距。

面对高密度、微型化的电子组装组件,飞针式 ICT 方式虽然可以探测到 0.2 mm 的间距,但因为它只能一组、两组,少有超过四组测试点同时进行测试,所以其测试时间太长,效率较低。

针床式 ICT 设备虽然测试速度比较快,但是由测试探针与被测试板之间能否接触良好、探针的定位精度、压力针的安放等条件决定,它只能对 1.27 mm 以上的测试间距进行有效测试。

在高密度装配条件下,各项细小的位置误差,如焊盘位置、定位孔与定位销配合、探针定位、探针活塞、针头偏斜等误差就会叠加放大,这些误差和误差叠加很容易造成探针与测试点的对中不良,带来误判。总之,高密度、微型化的电子组件的广泛应用,影响了 ICT 的效率,降低了 ICT 对细间距测试点的检测能力,限制了 ICT 在高密度组件上的应用。

### 7.1.4　自动 X 射线检测（AXI）

X 射线具有很强的穿透性,X 射线检测是利用 X 射线能够穿透物体表面的特性,透视被测焊点内部,从而达到检测和分析焊点质量的目的。自动 X 射线检测仪外形如图 7.11 所示。

图 7.11　自动 X 射线检测仪外形

1) 自动 X 射线检测原理

自动 X 射线检测仪是根据 X 射线穿透被测物时的强度衰减来进行测量的,即测量被测材料所吸收的 X 射线量,根据 X 射线的能量值,确定被测物体是否符合要求。由 X 射线探测头将接收到的信号转换为电信号,经过前置放大器放大,再由专用操作系统转换为直观的实际厚度信号显示给操作人员。在 SMT 工艺中一般用于检测眼睛所看不到的焊点内部伤,如检测多层基板内部电路有无短路、开路,焊点有无开路、短路、空洞、内部气泡、锡量不足等缺陷。X 射线可穿透基板的表面看到基板和焊点的内部,在 X 射线发生器对面有个数据接收器,自动地将接收到的辐射转换成电信号传到扩张板中,并在计算机中转换成特定的信号,通过专用的软件将图像在显示器中显示出来,这样就可以通过肉眼观测到基板焊点的内部结构。图 7.12 所示为自动 X 射线检测原理示意图。

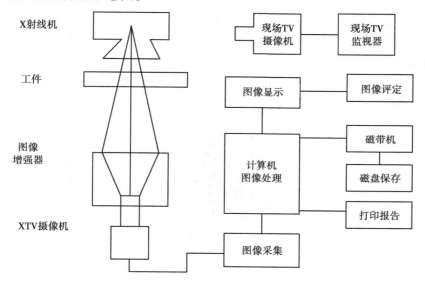

图 7.12　自动 X 射线检测原理示意图

2) 自动 X 射线检测仪可以检测的内容

X 射线透视图可显示焊点的厚度、形状及质量密度分布,这些指标可以充分反映焊点的质量,包括开路、短路、空洞、内部气泡、锡量不足或过多等质量缺陷,并能作定量分析。

3）自动 X 射线检测仪的应用

目前,自动 X 射线检测仪在 SMT 电子装联技术中得到普遍应用,使用较多的自动 X 射线检测仪有两种:一种是直射式 X 射线检测仪,设备价格比较低,只能提供二维图像信息,对遮蔽部分难以进行分析;另一种是 3D-X 射线光分层扫描检测仪,这种检测技术采用了扫描束 X 射线分层照相技术,能获得三维图像信息,可以消除遮蔽阴影。3D-X 射线光分层扫描检测仪与计算机图像处理技术相结合,能对 PCB 内层和 SMA 上的焊点进行高分辨率的检测,特别适用于 BGA/CSP 等封装器件下隐蔽焊点的检测。图 7.13 所示为 3D-X 射线检测原理示意图。

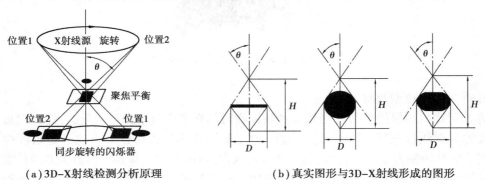

(a）3D-X射线检测分析原理　　　　　　(b）真实图形与3D-X射线形成的图形

图 7.13　3D-X 射线检测原理示意图

## 7.2　SMT 检测工艺过程

SMT 检测工艺贯穿于 SMT 整个生产过程中,主要包括来料检查、表面涂敷检测、表面贴装检测、表面焊接检测、表面组件检测和抽样检测,如图 7.14 所示。这些检查可以分为 3 个大类的检测,即组装前来料检测、组装工艺过程检测(工序检测)和组装后组件检测。组装前来料检测主要对元器件、PCB 和工艺材料进行检查,组装工艺过程检测(工序检测)主要包括表面涂敷检测、表面贴装检测和表面焊接检测 3 个部分,组装后组件检测主要是表面组件检测和抽样检测。

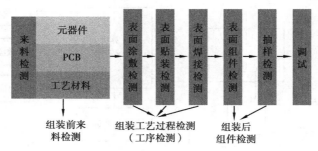

图 7.14　SMT 检测工艺过程

来料检测是检查元器件的好坏、可焊性、引线共面性、使用性能等;PCB 检测主要是检查 PCB 的尺寸和外观、阻焊膜质量、翘曲和扭曲、可焊性、阻焊膜完整性;工艺材料检测主要是检查工艺锡膏的金属百分比、黏度、粉末氧化均量,助焊剂的活性、浓度等。

工序检测主要对 SMT 生产的工序进行检查,主要是印刷工序、贴装工序、焊接工序,在每个工序后可以进行检测。采用的检测方法主要有人工目测、自动光学检测(AOI)、自动 X 射线检测(X-Ray)等方法。人工目测的主观性可能存在较大误差、精确性较低,自动光学检测(AOI)、自动 X 射线检测(X-Ray)等检测方式精确性较高。

组装后组件检测是对组装后的组件进行检测,对其进行功能性等测试及相关的抽样检测。组装后组件检测的作用是避免组装后有缺陷的组件进入产量中。

## 7.3　SMT 返修工艺

### 7.3.1　SMT 返修过程

对焊接后的电路板进行检测,找出有问题的元器件,拆除有质量问题的元器件,再进行预处理,更换元器件、元器件对位、元器件放置,局部加热进行焊接,再进行检测,如果检测到还有问题,对有问题的元器件再次进行上述返修过程,直到检测到电路板没有问题。如果检测到没有问题,电路板就可以进入下一个工序或者正确安置,如图 7.15 所示。

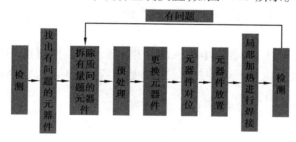

图 7.15　返修检测过程

(1)找出有问题的元器件

从电路板上找出有问题或有缺陷的元器件,如立碑现象,会造成元器件断路,进而影响电路板实现的功能,可能导致功能无法实现,这时需要对电路板进行返修。

(2)拆除有质量问题的元器件

将焊点加热至熔点,然后将元器件从电路板上拿下。在将元器件从电路板上取下的过程中,注意焊料必须完全融化;不能强行将元器件从电路板上取下;防止加热过度,将焊盘损坏。

(3)预处理

在新元器件达到之前,预处理的 3 个步骤:①去除残留的焊料;②清洗残留物质;③添加助焊剂、锡膏或焊料。

(4)更换元器件、元器件对位、元器件放置

这 3 个步骤是一个连贯的动作,这里将 3 个步骤归置成 1 个大步骤。更换元器件:用镊子取走元器件;元器件对位:用镊子将元器件对准对应焊盘上;元器件放置:元器件对准后,用镊子将元器件放置到对应焊盘上。

（5）局部加热进行焊接

局部加热对焊盘进行预热；添加助焊剂；进行手工焊接。注意焊接顺序（片式元器件和多引脚元器件）。片式元器件的焊接顺序：先焊接片式元器件的一端，再焊接另一端；多引脚元器件的焊接顺序：先焊接元器件的一条引脚，再焊对角端的引脚，这样可以对元器件进行固定，然后对其他引脚进行焊接或拖焊。

（6）检测

通过检测设备进行检测；检测到有问题，重新进行返修；检测到没有问题，电路板可进行存放。

### 7.3.2　SMT 返修工具及材料

常见的焊接缺陷会造成电路短路、断路等问题，使电路板不能正常工作或者使电路板存在潜在的危害。对发现的焊接缺陷要进行维修以保证电路板正常工作，进而保证功能的实现。

SMT 维修主要包含返修和返工。返修是指不能使用原来的或者相近的工艺重新处理PCB，只是一种简单的修理；返工是指使用原来的或者相近的工艺重新处理PCB。虽然返修和返工概念有区别，但是在 SMT 生产过程中，两者不作严格区分，后面都统称为返修。

1）SMT 返修工具

SMT 返修工具主要有电烙铁、海绵、剪口钳、镊子、返修工作台、热风枪、放大镜和防静电手腕带等。

电烙铁是主要的返修工具，普通电烙铁的功率是固定的，但温度无法控制，长时间使用会烧坏电烙铁。恒温电烙铁内设温度控制器，当温度达到设定值时，它会停止加热，这样可以延长电烙铁的寿命，如图 7.16 所示。

图 7.16　恒温电烙铁

海绵用于清洁烙铁头，剪口钳用于剪掉多余长度的引脚，镊子可以用于夹持贴片式的元器件，如图 7.17 所示。

（a）海绵　　　　　　　　（b）剪口钳　　　　　　　　（c）镊子

图 7.17　海绵、剪口钳、镊子

返修工作台通过专用治具固定需要返修的电子组件,利用工控计算机触摸屏调取或修改设备参数,通过热风温度控制加热温度,实现精确控制电子元器件的拆卸和焊接过程,如图7.18所示。热风枪是通过热风温度来融化锡膏,从而对元器件进行拆卸,如图 7.19 所示。

图 7.18　返修工作台

图 7.19　热风枪

放大镜用于放大尺寸较小的元器件,方便观察,用于元器件的拆卸与焊接;防静电手腕带主要用于泄放人体的静电,防止元器件被静电损坏,如图 7.20 所示。

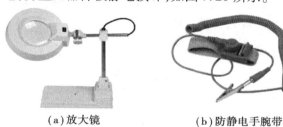

(a)放大镜　　　　　(b)防静电手腕带

图 7.20　放大镜和防静电手腕带

2)SMT 返修材料

SMT 返修材料主要有焊锡丝、锡膏、助焊剂等。焊锡丝是主要的返修材料,是焊接元器件与电路板之间的连接材料,如图 7.21 所示。

图 7.21　焊锡丝

锡膏的作用类同于焊锡丝;助焊剂(松香)是帮助焊接的物质,可以净化焊接表面金属和焊料表面,如图 7.22 所示。

图 7.22　锡膏和松香

　　无论采用何种返修手段和使用何种返修工具,受装置使用和操作人员技能的影响,虽然能够使印制电路组件满足质量接受水平要求,但其过程多少存在各种不可控的因素。客观上手工焊接形式的返修质量很大程度取决于操作人员的技能水平和领悟能力,短期内不可能形成非常一致的工作效果,在某些印制电路组件的返修上存在一定的风险。

　　虽然现在的返修工作站系统在功能、能力上有了很大的提高,精度、可重复程度均可与自动化贴装设备媲美,但其根本仍然是人在操作,对操作人员的培养非常重要。在焊接装置的构造上,其功能和作用所限,不可能与现代的八温区、十温区的自动回流焊接设备相比。极小区域的热区环境可调控参数有限,焊接温度曲线设置、调整困难,所完成的大型封装器件的焊接所形成的焊点形态上会有很大的差别,特别是 BGA、CSP 等器件局部焊点的外形、光泽度、平滑度比大容量回流焊的焊接效果要差一些。

# 习 题 与 思 考

1. SMT 表面组装技术中的检测技术有哪些?

2. 简述自动光学检测法的原理。

3. 简述自动 X 射线检测法的原理。

4. 描述 SMT 检测工艺过程。

5. SMT 检测工艺过程来料检测主要检查什么?

6. 简述 SMT 返修过程。

7. SMT 返修需要用的工具和材料有哪些?

# 第 **8** 章
## SMT 生产管理

## 8.1　6S 管理

6S 是日本企业独特的一种管理方法,是指整理(SEIRI)、整顿(SEITON)、清扫(SEISO)、清洁(SEIKETSU)、素养(SHITSUKE)、安全(SECURITY)六个项目,均以"S"开头,故简称 6S。

6S 管理方法最早始于 1955 年,日本企业在生产现场把人员、机器、材料、方法等生产要素进行有效管理,针对企业中每位员工的日常行为提出要求,倡导从小事做起,力求使每位员工都养成事事"讲究"的习惯,从而达到提高整体工作质量的目的。6S 之间彼此关联,整理、整顿、清扫是具体内容;清洁是指将整理、整顿、清扫实施的做法制度化、规范化,并贯彻执行及维持结果;素养是指培养每位员工养成良好的习惯,并遵守规则做事,开展 6S 容易,但长时间的维持必须靠素养的提升;安全是基础,要尊重生命,杜绝违章。

### 8.1.1　6S 管理的内容

(1)整理

将工作场所的任何物品区分为有必要的物品和没有必要的物品,除了有必要的物品留下来,其他的都消除掉。目的是腾出空间,空间活用,防止误用,塑造清爽的工作场所。

(2)整顿

将留下来的必要的物品依规定位置摆放,并放置整齐加以标志。目的是使工作场所一目了然,缩短寻找物品的时间,整整齐齐的工作环境,消除过多的积压物品。

(3)清扫

将工作场所内看得见和看不见的地方清扫干净,保持工作场所干净、亮丽。目的是稳定品质,减少工业伤害。

(4)清洁

将整理、整顿、清扫进行到底,并且制度化,经常保持环境处在美观的状态。目的是创造明朗的现场,维持整理、整顿、清扫的成果。

（5）素养

每位成员养成良好的习惯,并遵守规则做事,培养积极主动的精神（也称习惯性）。目的是培养有好习惯、遵守规则的员工,营造团队精神。

（6）安全

重视成员安全教育,每时每刻都有安全第一观念,防患于未然。目的是建立起安全生产的环境,所有的工作应建立在安全的前提下。

### 8.1.2　6S 管理的实施

（1）整理

在电子生产企业中,整理是将工作场所中的物品进行分类,分清有用的物品和没有用的物品,并且把不要的物品坚决清理掉。整理的内容、作用及效果见表8.1。

表 8.1　整理的内容、作用及效果

| 序　号 | 内　容 | 作　用 | 效　果 |
| --- | --- | --- | --- |
| 1 | 腾出空间 | 增加作业、仓储面积 | 节约资金 |
| 2 | 清除杂物 | 使通道顺畅安全 | 提高安全 |
| 3 | 进行分类 | 减少寻找时间 | 提高效率 |
| 4 | 归类放置 | 防止误用误发货 | 提高质量 |

（2）整顿

整顿是将工作场所中物品按规定分别摆放好,并做好使用物品区。整顿的内容、作用及效果见表8.2。

表 8.2　整顿的内容、作用及效果

| 序　号 | 内　容 | 作　用 | 效　果 |
| --- | --- | --- | --- |
| 1 | 场所 | 区域划分明确 | 一目了然 |
| 2 | 方法 | 放置方法正确 | 便于拿取 |
| 3 | 标志 | 防止误用误发货 | 提高效率 |

整顿的原则见表8.3。

表 8.3　整顿的原则

| 序　号 | 内　容 | 作　用 | 效　果 |
| --- | --- | --- | --- |
| 1 | 定点 | 明确具体放置位置 | 分割区域 |
| 2 | 定容 | 明确容器大小、颜色、材质 | 颜色区分 |
| 3 | 定量 | 规定合适的质量、数量、高度 | 标示明确 |

（3）清扫

清扫是将工作场所内所有地方以及工作中使用的仪器、设备、材料等打扫干净。清扫的内容及作用见表 8.4。

表 8.4　清扫的内容及作用

| 序　号 | 内　容 | 作　用 |
| --- | --- | --- |
| 1 | 提升作业质量 | 提高设备性能 |
| 2 | 良好的工作环境 | 减少设备故障 |
| 3 | "无尘"化车间 | 提高产品质量 |
| 4 | 目标零故障 | 减少伤害事故 |

（4）清洁

清洁是将整理、整顿、清扫实施的做法制度化、规范化，并贯彻执行及维持结果。清洁的作用、要求及执行方法见表 8.5。

表 8.5　清洁的作用、要求及执行方法

| 序　号 | 作　用 | 要　求 | 执行方法 |
| --- | --- | --- | --- |
| 1 | 培养良好的工作习惯 | 职责明确 | 建立责任区域、制订清扫目标、确定责任人 |
| 2 | 形成企业文化 | 重视标准管理 | |
| 3 | 维持和持续改善 | 形成考核成绩 | |
| 4 | 提高工作效率 | 强化新人教育 | |

（5）素养

素养是指养成好习惯，依规定行事，培养积极进取的精神。素养推行要领、方法及素养提升见表 8.6。

表 8.6　素养推行要领、方法及素养提升

| 序　号 | 要　领 | 方　法 | 素养提升 |
| --- | --- | --- | --- |
| 1 | 制订规章制度 | 利用早会、周会进行教育 | 孝敬父母、热爱家庭、关心子女、对上级尽责、对下级尽教、穿着整洁、礼貌用语、素质提升 |
| 2 | 识别员工标准 | 工作装、工作帽、厂牌等识别 | |
| 3 | 开展奖励活动 | 进行知识测验评选活动 | |
| 4 | 推行礼貌活动 | 举办板报、漫画等活动 | |

（6）安全

安全是指建立安全生产环境，重视全员安全教育，每时每刻都有安全第一观念，防患于未然。安全管理的目的与执行方法见表 8.7。

表 8.7　安全管理的目的与执行方法

| 序　号 | 安全管理的目的 | 执行方法 |
|:---:|:---:|:---:|
| 1 | 保障员工安全 | 安全隐患识别、现场巡视管理、发现苗头及时解决 |
| 2 | 保证生产正常运转 | |
| 3 | 减少经济损失 | |
| 4 | 有紧急应对措施 | |

　　企业生产管理不能因现有的效益掩盖管理的不足,要学会不断照镜子,及时发现差距弥补不足,这是企业自我提升不二的法则。6S 现场管理要建立明确的责任链,创建人人有事做,事事有人管的氛围,落实一人一物一事管理的法则,明确人、事、物的责任,分工明确是为了更好的合作。让主管主动担负起推行职责的方法,让员工对问题具有共识,抓住活动的要点和精髓,才能取得真正的功效,达到事半功倍的效果。将希望管理的项目(信息)做到众人皆知,了解现场、工装、库房目视管理实例的说明,目视生产管理和看板生产管理的实施要领。营造良好的 6S 现场管理精益管理氛围,6S 现场管理精益管理氛围的营造是活动持续推进的重要保障,当 6S 现场管理精益管理成为公司员工工作的一种信仰时,就会为管理带来意想不到的效果。图 8.1 所示为企业 6S 管理宣传图。

图 8.1　企业 6S 管理宣传图

## 8.2　安　全　生　产

　　在 SMT 生产企业中,安全生产非常重要。安全生产是我国的一项重要政策,也是社会、企业管理的重要内容之一。做好安全生产工作,对保障员工在生产过程中的安全与健康,搞好企业生产经营,促进企业发展具有非常重要的意义。

1）安全生产的概念

安全是指企业员工和生产设备在生产过程中没有危险、不出事故，如生产过程中的人身和设备安全、道路交通中的人身和车辆安全等。

安全生产是指采取一系列措施使生产过程在符合规定的物质条件和工作秩序下进行，有效消除或控制危险和有害因素，无人身伤亡和财产损失等生产事故发生，从而保障人员安全与健康、设备和设施免受损坏、环境免遭破坏，使生产经营活动得以顺利进行的一种状态。

安全生产是安全与生产的统一，其宗旨是安全促进生产，生产必须安全。搞好安全工作，改善劳动条件，可以调动职工的生产积极性；减少职工伤亡，可以减少劳动力的损失；减少财产损失，可以增加企业效益，促进生产的发展。安全是生产的前提条件，没有安全就无法生产。

2）安全生产的重要意义

安全生产关系人民群众的生命财产安全，关系改革发展和社会稳定大局。搞好安全生产工作，切实保障人民群众的生命财产安全，体现了广大人民群众的根本利益，反映了先进生产力的发展要求和先进文化的前进方向。做好安全生产工作是全面建成小康社会、统筹经济社会全面发展的重要内容，是实施可持续发展战略的组成部分。安全生产关系企业的生存与发展，如果安全生产搞不好，发生伤亡事故和职业病，劳动者的安全健康受到危害，生产就会遭受巨大损失。要发展社会主义市场经济，必须做好安全生产、劳动保护工作。

3）安全生产管理制度

安全生产管理制度是根据我国安全生产方针及有关政策和法规制订的、各行各业及其广大职工在生产活动中必须贯彻执行和认真遵守的安全行为规范和准则。

安全生产管理制度是企业规章制度的重要组成部分。通过安全生产管理制度，可以把广大职工组织起来，围绕安全目标进行生产建设。同时，我国的安全生产方针和法规政策也是通过安全生产管理制度实现的。

安全生产管理制度有的是国家制订的，有的是企业自己制订的。1963 年 3 月 30 日我国在总结了中华人民共和国成立初期安全生产管理经验的基础上，由国务院发布了《关于加强企业生产中安全工作的几项规定》。在这个规定中，规定了企业必须建立的五项基本制度，即安全生产责任制、安全技术措施计划、安全生产教育、安全生产定期检查、伤亡事故的调查和处理。尽管我国在安全生产管理上取得了长足的进步，但这五项基本制度仍是我国企业必须遵守的安全生产管理制度。此外，随着社会和生产的发展，安全生产管理制度也在不断发展，国家和企业在五项基本制度的基础上又制订了许多新的制度，如安全卫生评价，易燃、易爆、有毒物品管理，防护用品使用与管理，特种设备及特种作业人员管理，机械设备安全检修及防火以及文明生产等制度。

4）安全生产标识

标识是一个事物的特征，一种让人识别的标记，它不但可以用一种形式来帮助记忆，还可以张扬自身的形象。标识首要的意义在于"知道""认识"，要让人熟悉、记住。"识"字除了"记住"的含义外，有"认得""识别"的进一步要求，更多的是一种沟通。

生产现场安全标识是否准确、完善，对设备的安全运行、人员的安全操作非常关键。没有它，即使一台设备没有运行，人们也不明确是否停电，能否检修；没有它，检修时总是提心吊胆，害怕出事；没有它、忽视它，有可能导致人身、设备事故的发生。

小小的警示牌不起眼,甚至有些妨碍现场的布局美观,但就是这个标识牌,有时能挽救人的生命。粉尘区域如果没有"严禁烟火"的警示而听之任之,就很容易引发火灾甚至发生爆炸事故;生产区域如果没有"配电重地、闲人莫入"的警示而不设遮拦随意进入,就有可能导致触电伤害;危化品卸车区域如果没有"必须戴防毒面具"的警示,就有可能使没有安全防护意识的员工发生腐蚀、烧烫伤、窒息伤害。像这样的警示牌还有很多,员工在工作中要看看周围有没有安全警示、有没有安全标识,要加强防范意识。图8.2所示为部分生产现场的安全标识图。

图 8.2　部分生产现场的安全标识图

## 8.3　生产管理

SMT 生产的产品品种多,其复杂程度不同,元器件种类较复杂,生产批量大小不一。为了组织好生产,制造出合格的电子产品,要做好管理和组织工作。

生产管理的内容包括生产组织工作、生产计划工作和生产控制工作。

①生产组织工作,即选择厂址,布置工厂,组织生产线,实行劳动定额和劳动组织,设置生产管理系统等。

②生产计划工作,即编制生产计划、生产技术准备计划和生产作业计划等。

③生产控制工作,即控制生产进度、生产库存、生产质量和生产成本等。

生产管理的任务是通过生产组织工作,按照企业目标的要求,设置技术上可行、经济上合算、物质技术条件和环境条件允许的生产系统;通过生产计划工作,制订生产系统优化运行的方案;通过生产控制工作,及时有效地调节企业生产过程内外的各种关系,使生产系统的运行符合既定生产计划的要求,实现预期生产的品种、质量、产量、出产期限和生产成本的目标。生产管理的目的是做到投入少、产出多,取得最佳经济效益。提高企业生产管理的效率,有效管理生产过程的信息,从而提高企业的整体竞争力。

生产管理主要包括计划管理、采购管理、制造管理、品质管理、效率管理、设备管理、库存管理等模块。

生产管理是为了能高效、低耗、灵活、准时地生产合格产品,为客户提供高品质和满意的服务。

①高效:迅速满足用户需要,缩短订货、提货周期,为市场营销提供争取客户的有利条件。

②低耗:人力、物力、财力消耗最少,实现低成本、低价格。

③灵活:能很快适应市场变化,生产不同品种和新品种。

④准时:在用户需要的时间,按用户需要的数量,提供所需的产品和服务。

⑤高品质和满意的服务:是指产品质量达标和服务质量达到顾客满意的水平。

在 SMT 生产实践中,从原料投入,到通过一定的设备按工艺流程进行加工,到成品产出,其过程比较复杂。SMT 生产的品种很多,元器件种类复杂,生产批量大小不一,生产工艺流程也不一样,要制造出合格的产品,就要做好管理和组织工作。

1)生产管理的基础知识

有了人类社会,就有共同劳动和生产,也必然存在着生产管理。没有生产管理,就不可能把各种分散、独立存在的生产要素结合起来,去完成和实现共同的生产目标。由此可知,生产管理在一切社会生产过程中是不可缺少的。

2)生产管理的含义

生产管理是指为了达到既定的生产目标,而采取有效的手段和方法,对与生产有关的人、事、物、时间、信息等进行计划、组织、指挥、协调和控制等的一系列活动。它确保了生产有序而高效地进行。

3)生产管理的地位

生产管理是企业活动不可缺少的重要环节。企业的经营管理是市场、产品开发和生产管理共同组成的活动,生产运作管理是企业管理的一项重要职能。生产管理是确保企业经营目标、正确决策的保证,与企业的技术开发与经营管理相互协调。

4)生产管理的实施内容

①确保交货期。

②缩短生产周期,它既能确保交货期,又能减少在制品占用,从而降低产品成本。

③减少在制品库存,体现管理的有效性。通过减少在制品库存,不仅能降低成本、缩短生产周期,还能发现生产管理中存在的问题。

④提高生产效率。

⑤降低生产成本。

⑥稳定地生产出用户要求的产品。

⑦提高生产系统的柔性,对生产管理运作与改善常常以品质、成本、交货时间为考虑因素。如何满足顾客的需求及维持产销活动的顺畅,是生产管理的关键。

5)生产管理的功能

在订货式生产企业中,依据订单、生产的产品数量、交货期制订生产计划,物料计划与管制、现场管理及生产管制等工作执行的依据。

（1）生产计划的主要任务

①保证交货日期与生产量。

②使企业维持与其生产能力相称的工作量及适当的开工率。

③作为物料采购的基准依据。

④将重要的产品或物料的库存量维持在适当水平。

⑤对长期的增产计划提供一定的依据。

（2）日程计划

日程计划是生产管理工作中重要的环节之一，不同产品的生产时间、顺序及不同产品、批量的衔接等，都是日程计划要明确的事项或中心内容。企业的生产活动是一个涉及面广而复杂的体系，要使这个体系能顺畅运作，就得有系统的生产日程计划和安排，为各部门生产提供依据，各部门运作才可能有序、高效。日程计划应从以下 3 个方面拟订：

①按照交货期先后安排。

②按照客户优劣安排。

③按照制程瓶颈程度大小安排。

（3）工作调派

依据制程安排的顺序与日程计划的完工日期，将适当的工作量分派给各部门的工作人员与机器，以便开始实际的生产活动。其方式有集中式调派法、分散式调派法及混合式调派法 3 种。其功能如下：

①有效地下达命令。

②提供分批制造命令的耗料及工时资料，作为成本计算的依据。

③作为工务部门准备工具、夹具的依据。

④作为制造部门主管派工并管制产品制造的依据。

⑤提供制程资料作为日程计划的参考。

⑥提供制造过程中待料、迟延、品质异常等资料作为管理人员的参考。

（4）进度管制

根据日程计划所拟订的生产日程，控制时间的循序渐进以确保如期完工。其内容包括时间及数量的控制。其功能如下：

①制造工作一经分派后，欲使产品的生产进度顺利地合乎事先安排的生产日程，唯有不断检核进度，才能如愿。

②掌握制造工作的实际进度，检查计划日程的达成程度，进而分析其生产超前或延后的原因，采取补救措施，以期如期完工。

（5）生产管理的工作职责

随着企业规模及生产形态的不同，生产组织及生产管理工作范围常常需要调整，而主要的工作是生产计划、生产进度安排及产销异常问题的协调。多种少量订货式生产单位的工作常有紧急情况发生。制度化及异常管理等工作内容的充实是量产工作所忽略的。生产管理工作的职责通常如下：

①确定生产产品、数量、交货期。

②进行生产前产能及负荷分析，并做好准备工作。

③安排生产计划及进度。

④掌握生产所需的各种物料供应状况。

⑤分派与协调生产工作。

⑥掌握实际生产状况,协调处理问题。

⑦负责有关出货的各项联络工作。

⑧定期参与产销协调会。

⑨分析、检查生产绩效,核对记录报表。

⑩参与其他的有关活动、检查会等。

(6)生产管理的对象

生产管理的对象包括人、财、物、信息和时间。

①生产管理的 5 个对象中,人是主要的。人在管理中是双重角色,既是管理者,也是被管理者。管理的对象包括人和其他对象,而对其他对象的管理是靠人去实施的。管理过程的主体是人,人与人的行为是管理的核心。

②财和物是一个组织实现目标的重要物质基础,也是重要的管理对象。财和物是被动的。管理就是把财和物的要素与其他要素紧密、协调地配合起来。

③信息作为管理的对象,是因为信息反映了管理的状况,信息可以传递和加工处理。信息系统是管理系统的"神经系统"。

④管理中的人流和物流都要通过信息来反映和实现。管理要发挥职能需要依靠信息的支持。信息的真实以及有效的收集和传播是管理活动的重要手段。

⑤任何管理活动都离不开时间。现代社会生产和生活的重要特征之一就是突出时效性。抓住时机、把握机会是成功管理的重要因素。

6)企业的生产管理部门及管理职责

企业的生产管理主要体现在工作流程的管理、工序的管理、质量监控等环节,一般企业的部门设置如图 8.3 所示。企业可以根据自己的实际情况设置部门,大型企业部门设置可以分得细一些,小的企业可以将 2 ~ 3 个部门合并在一起,但是部门的职责不能少。

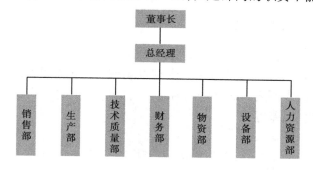

图 8.3　一般企业的部门设置

企业部门及管理职责如下:

①销售部。根据市场的需求和本企业设备、生产能力、技术能力、产能等具体情况,开拓市场,组织订单;下达生产任务单;掌握产品的验收情况;安排售后服务计划;收款等。

②生产部。根据生产任务单安排生产,根据生产工艺和质量的要求,对来料进行确认,对设备和人员合理安排,在规定的时间内生产出合格的产品。

③技术质量部。接受生产任务单,准备工艺技术资料并与客户确认,确认生产工艺和设备,给市场部、生产部以技术支持。

根据生产任务单安排计划,制订检验标准和工艺,做好各工序检验和产品的终检工作,做好质量记录和质量分析工作。

④财务部。对企业资金、成本、费用进行管理,负责企业财务核算。

⑤物资部。接受、保管、发放各种生产、设备物料,根据生产任务单准备生产物料,做好物料账,提供相关数据给采购和生产部。

⑥设备部。确保生产线和设备的正常运行,做好生产过程中设备运行记录,做好设备保养维护工作。

⑦人力资源部。为企业发展提供人力资源保障,具体有招聘与培训、薪酬福利管理、劳动关系管理。

SMT 生产制造型企业必须配备以下人员:SMT 工艺工程师、SMT 设备工程师、质量工程师、成形管理员、设备操作员、检验员、装配焊接操作员等。

# 8.4　SMT 生产中的静电防护

SMT 生产中的静电放电防护(也称静电防护)非常重要。在电子产品制造中,静电放电(Electro Static Discharge,ESD)是电子装配中电路板与元器件损伤的常见原因之一。静电放电会损伤元器件,甚至使元器件失效,造成严重损失。有效的静电放电防护应和装配工艺其他任何部分一样,是产品产量和质量至关重要的因素之一。

静电防护是一项综合性工作,不但需要复杂的相关技术措施,还需要强有力和健全的管理措施,要求工程技术人员、操作人员、使用及维护人员建立防静电意识,加强操作技能的培训。

## 8.4.1　SMT 生产中的静电危害

1)静电的产生

静电是指物体(气体、液体、固体)表面带有过剩或不足的静止电荷。静电放电是指带有不同静电电势的物体或表面之间的静电电荷转移。静电产生的方式主要有接触、摩擦、感应、冲流、冷冻、电解、压电、温差等。

(1)接触起电

接触起电主要经历 4 个步骤,首先要接触,其次有电荷转移,再次是偶电层的形成,最后是实现电荷分离。

当两个不同的物体相互接触时就会使其中一个物体失去一些电荷带正电,而另一个物体得到一些剩余电子的物体带负电。如图 8.4 所示,在接触区中间形成偶电层,在分离的过程中电荷难以中和,电荷就会积累使物体带上静电。两个物体接触前内部均有正负电荷,这时每个物体内部电荷是相等的,正负中和后对外呈现中性,电荷取得平衡。当两个物体接触时,电荷移动,在接触的地方形成两层平衡电荷,这时两个物体整个对外呈现中性状态,当两个物体分离时,电荷平衡状态瓦解,带电发生,上面物体带上负电,下面物体带上正电。

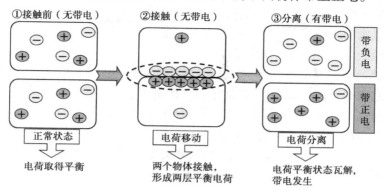

图 8.4　接触起电

（2）摩擦起电

以毛皮摩擦塑料棒为例,通过摩擦后,塑料棒带上负电,毛皮带上正电。摩擦打破了物体内部的电荷平衡,让塑料棒积累了负电荷,毛皮带上正电荷。摩擦起电的实质其实也是接触起电,如图 8.5 所示。

图 8.5　摩擦起电

（3）感应起电

当带电物体接近不带电物体时,会在不带电导体的两端分别感应出负电和正电。如图 8.6 所示,物体 B 没有电荷,当它去靠近带电物体时,B 物体的两端分别感应出正电荷和负电荷。

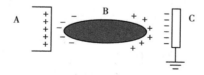

图 8.6　感应起电

2）静电危害

SMT 生产的静电危害如下:

①静电放电电火花引起爆炸和火灾事故。

②高压静电放电造成电击,危及人身安全。

③静电放电击穿集成电路和精密的电子元器件,或者促使元器件老化,降低生产成品率。

④静电放电导致生产线设备不能正常工作,妨碍生产。

⑤静电吸收灰尘,降低元器件绝缘电阻,会缩短电子产品的寿命。

⑥静电放电产生能量,使元器件受损不能正常工作,元器件被完全破坏。

⑦静电放电电场或电流产生的热使元器件存在潜在的损伤。

⑧静电放电产生的电磁场会对电子产品产生干扰甚至损坏。

3)SMT 生产的典型静电源

SMT 生产线的主要危害源有摩擦起电和人体静电。其中,生产线的工作桌面、地板、椅子、衣服、包装材料、流动空气等都可能造成静电产生,进而妨碍生产。

SMT 生产的典型静电源主要包括人、材料、环境 3 个大类。其中,人产生静电的是身体和衣服,材料包括原材料、生产辅助物、包装材料,环境主要有地板、工作面、主要设备、清洁室、墙壁、天花板、光源固定器、通风架等。

### 8.4.2　SMT 生产中的静电防护

1)静电防护原理

(1)避免静电的产生

对可能产生静电的地方要防止静电的聚集,采用一定的措施避免或减少静电的产生,也可以采用边生产边泄露的方法来达到消除电荷聚集的目的,如控制静电的产生环境、防止人体带电等。

(2)创造条件放电

对于已经产生的静电而言,可以采用相应的措施来泄漏电荷,使其所带电荷完全消除,如采用接地方式、增加湿度等措施。

(3)静电中和

静电中和原理是将正负离子与静电源上的正负电荷中和,从而消除静电源上积累的静电。

静电中和是消除静电的重要措施之一。在某些场合,当不便使用静电防护材料时或必须将某些高绝缘易产生静电的用品存放在工作台或工艺线上时,为了保证产品质量,必须对操作环境采取静电中和的措施。静电中和是借助离子静电消除器或感应式静电刷来实现的。

通过这些措施将静电电位控制在安全的范围之内,在 SMT 生产过程中静电的防护也是如此。只要时时关注防静电、人人关注防静电、处处关注防静电,静电的危害是一定可以避免或减轻的。

2)静电防护方法

①使用防静电材料。由于金属是导体,导体的漏放电流大,会损坏器件,绝缘材料容易产生摩擦起电,因此不能采用金属和绝缘材料作防静电材料。

②泄漏与接地。对可能产生或已经产生静电的部位进行接地,提供静电释放通道。采用埋大地线的方法建立"独立"地线。静电防护材料接地方法:将静电防护材料(如工作台面垫、地垫、防静电手腕带等)通过 1 MΩ 的电阻接到通向独立大地线的导体上。串接 1 MΩ 的电阻是为了确保对地泄放小于 5 mA 的电流,这种接地称为软接地。设备外壳和静电屏蔽罩通常是直接接地,称为硬接地。

③导体带静电的消除。导体上的静电可以用接地的方法使静电泄漏到大地。一般要求在 1 s 内将静电泄漏,即 1 s 内将电压降至 100 V 以下的安全区。这样可以防止泄漏速度过快、泄漏电流过大对设备或产品造成损坏。

④非导体带静电的消除。对绝缘体上的静电,电荷不能在绝缘体上流动,不能用接地的方法消除静电。

⑤使用离子风机。离子风机产生正负离子,可以中和静电源的静电。可设置在空间和贴装机贴片头附近。

⑥使用静电消除剂。静电消除剂属于表面活性剂,可用静电消除剂擦洗仪器和物体表面,能迅速消除物体表面的静电。

⑦控制环境湿度。增加湿度可提高非导体材料的表面电导率,使物体表面不易积聚静电,如北方干燥环境可采取加湿通风的措施。

⑧穿戴防静电工作服和防静电鞋,携带防静电手腕带,这样可以尽量避免静电的产生。

3)防静电工作区基本组成

在电子企业中,防静电工作区是生产中重要的工作区域,防静电工作区基本组成有防静电工作台、防静电地板、防静电桌垫、防静电工作椅、防静电工作服、警戒标志、接地线、防静电手腕带、离子风机、屏蔽袋等,如图 8.7 所示。在工作台区域内采用整体防静电方案,避免产生静电。

图 8.7　防静电工作区

防静电工作台是防静电系统基本的组成件之一,它由工作台、防静电桌垫、腕带接头和接大地线等组成。防静电工作台应满足:工作台上配备的腕带接头应不少于两个,一个供操作人员使用,另一个供设备维护人员、技术人员、检验人员或其他人员使用。

4)SMT 生产线上的防静电要素

从防静电工作区基本组成来看,SMT 生产线上的防静电系统要素主要包含地面、接地、温湿度、人体、包装、储存和运输等。

(1)地面

SMT 生产的地面应采用防静电地面板,敷设地线网。

(2)接地

防静电工作区必须有安全可靠的防静电接地装置,接地电阻小于 4 Ω,工作台面、地垫、座椅和其他防静电的 ESD 保护设施均应通过限流电阻接入地线,腕带等应通过工作台顶面接地点与地线连接。

(3)温湿度

温湿度设置适宜,温度设置为 20 ~ 30 ℃,相对湿度设置为 30% ~ 70%。

（4）人体

人体防静电应穿防静电工作服和工作鞋,戴有防静电手腕带、防静电手套、防静电指套等。在 SMT 的生产操作和设备维护中,为防止人体带电,要求必须采取以下措施:①佩戴防静电腕带;②穿防静电服装;③穿戴防静电鞋袜;④佩戴防静电手套、防静电指套;⑤进行离子风浴等。通过接地通路,使人体所带的静电荷安全地迅速泄漏掉,确保人员防静电措施到位。

（5）包装、储存和运输

静电敏感器件应采取防静电保护性包装,如防静电袋、防静电盒等;静电敏感器件必须存放在防静电容器(箱、袋)内,并用防静电运输工具(箱、车)周转。

为了达到防静电的目的,通常应该同时具备 4 个方面的基本条件:一是确实保证人体防护措施的落实。二是保证生产设备、工具、器具、材料和加工设备、仪表的静电防护。三是努力使环境条件(包括湿度、温度、气压、电磁、接地等)达到防静电要求。四是完善制度,制订操作规范,建立严格的检查制度,确保得到可靠实施,注重对员工静电意识的培训;制订静电防护用品的技术标准,保证防护用品的质量。在防静电性能的检测方面,对工作区温度和湿度进行监测,每天记录温湿度;每月测量静电压;防静电台垫、地板、工鞋、工衣、周转容器等应至少每月检测一次。防静电手腕带、风枪、风机、仪器等应每天检测一次。

综上所述,静电的产生是无法避免的,但只要根据消除静电的原理,严格地采用正确的防范办法和防护手段,就能把静电的危害降低和消除。

5）SMT 生产中的防静电用品

（1）防静电地板

防静电地板有复合胶板和陶瓷类两种类型,如图 8.8 所示。在 SMT 生产车间,防静电地板一般多采用复合胶板。当防静电地板接地或连接到任何较低电位点时,可使电荷耗散,表面阻抗须在 $1 \times 10^5 \sim 1 \times 10^{10} \, \Omega$。

 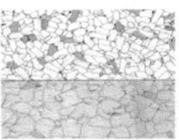

（a）复合胶板　　　　　　　　　　　（b）陶瓷类

图 8.8　防静电地板

（2）防静电台皮垫

防静电台皮垫也称防静电复合胶皮垫,主要用于设备表面、工作台面、货架及制作地垫等,如图 8.9 所示。它可以使产品隔离生产设备,需有导电装置。

（3）防静电离子风机

防静电离子风机可以消除或中和宽范围难以集中或不易接触区域的静电荷,防静电离子风机如图 8.10 所示。它是用于消除绝缘材料表面及物品上静电的主要器具。其消除静电的速度快,可中和任一种电极性,以使防静电工作区内的正负离子浓度保持在良好的平衡状态,产生的最大空间电势差小于 100 V。

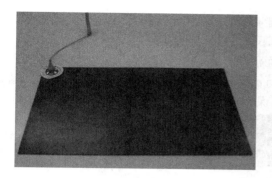

图 8.9　防静电台皮垫

图 8.10　防静电离子风机

（4）防静电工作椅

防静电工作椅是防止人工作时坐在椅子上产生静电，避免人体产生的静电流入电子产品中，如图 8.11 所示。

（5）防静电烙铁

在 SMT 生产过程中，防静电烙铁在焊接中可以使用，主要应用于维修和补焊等情况，如图 8.12 所示。

图 8.11　防静电工作椅

图 8.12　防静电烙铁

（6）防静电海绵

防静电海绵主要是存放和隔绝电路板，避免板间静电之间的转移，如图 8.13 所示。

图 8.13　防静电海绵

（7）防静电手套和防静电鞋

防静电手套是防止人体在进行生产操作时产生的静电转移到产品上，如图 8.14（a）所示。

防静电手套能防止静电积聚而引起的伤害,并能有效防护人身产生的汗液对电子产品的氧化,其表面阻抗为 $1 \times 10^6 \sim 1 \times 10^9$ Ω。防静电手套不可重复清洗使用。

防静电鞋可以将静电从人体导向大地,从而消除人体静电,同时还可以有效地抑制人员在无尘室中的走动所产生的灰尘,如图 8.14(b)所示。防静电鞋内不得垫鞋垫;为了使人体静电能很好地通过鞋底放掉,操作人员要求穿棉袜;保持鞋干净清洁。

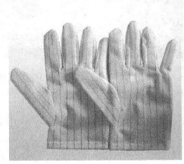
(a)防静电手套

(b)防静电鞋

图 8.14　防静电手套和防静电鞋

(8)防静电手腕带

防静电手腕带由导电松紧带、活动按扣、弹簧 PU 线、保护电阻及插头或鳄鱼夹组成,是用于释放人体所存留的静电,以起到保护人体作用的小型设备,如图 8.15 所示。

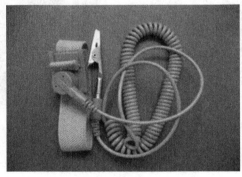

图 8.15　防静电手腕带

防静电手腕带与皮肤应保证接触良好,并接入防静电地线系统,在戴防静电手腕带的皮肤上不得涂护肤油、防冻油等油性物。直接生产的人员均应戴防静电手腕带,防静电手腕带应与人体皮肤有良好的接触,防静电手腕带必须对人体无刺激、无过敏影响,防静电手腕带系统对地电阻值应在 $1 \times 10^6 \sim 1 \times 10^8$ Ω 范围。

(9)防静电工作服

防静电工作服是由专用的防静电洁净面料制作的,具有高效、永久的防静电、防尘性能,以及表面薄滑、织纹清晰的特点,要求表面阻抗应为 $1 \times 10^6 \sim 1 \times 10^{11}$ Ω,如图 8.16 所示。

所有生产操作人员进入防静电区域必须着装防静电工鞋工衣;外来人员进入防静电区域穿防静电鞋套和穿防静电大褂。其中,防静电服装和防静电手腕带是消除人体防静电系统的重要组成部分,可以消除或控制人体静电的产生,从而减少生产过程中主要的静电来源。

图 8.16　防静电工作服

（10）防静电包装

防静电包装制品非常多，如防静电屏蔽袋、防静电包装袋、防静电海绵、防静电 IC 包装管、防静电元件盒、防静电气泡膜和防静电运输车等，如图 8.17 所示。防静电包装的目的是对装入的电路或器件及印刷电路起静电保护作用。

图 8.17　防静电包装袋

### 8.4.3　SMT 生产中的防静电标志

防静电符号主要有 ESD 敏感符号和 ESD 防护符号，ESD 敏感符号表示该物体对 ESD 引起的伤害十分敏感，ESD 防护符号表示该物体经过专门设计具有静电防护能力，如图 8.18 所示。

（a）ESD敏感符号　　　　　　（b）ESD防护符号

图 8.18　防静电符号

SMT 生产车间的防静电标志主要有斑马线区域防静电提示贴,周转箱、物料车等防静电器材防静电提示贴,工作台面静电皮防静电提示贴,防静电地板、墙面等防静电工作区提示贴,车间楼层、过道等防静电工作区域提示贴,电子零件盒等防静电提示贴等,如图8.19所示。

图 8.19　防静电标志

(1)斑马线区域防静电提示贴

斑马线区域防静电提示贴,也称防静电区域地板警示标签,仅用于粘贴在防静电区域(EPA)的斑马线上,不允许在墙壁、立柱上张贴,如图8.20所示。在防静电区域斑马线上粘贴标签时,文字的方向必须朝防静电工作区域内,即从通道上站立面向防静电区域边界看警示标签为通常视向。斑马线区域防静电提示贴按每两个标签间距 5 m 进行粘贴。

(2)防静电器材防静电提示贴

防静电器材,如防静电周转车、工作椅、工具、包装材料等,具备静电防护的性能,使用防静电器材防静电提示贴,如图8.21所示。警示标签应粘贴在防静电器材不易磨损的显目位置,如周转车最上层横梁中央、周转箱的两侧中央位置、防静电工作椅靠背中央、包装材料正表面等。

图 8.20　斑马线区域防静电提示贴

图 8.21　防静电器材防静电提示贴

(3)工作台面静电皮防静电提示贴

防静电接地系统的接线端口的标识使用工作台面静电皮防静电提示贴,应使接地端子位于标签的内孔中央,腕带插孔、防静电台垫的接线端用此接地标签,如图8.22所示。

(4)防静电工作区提示贴

防静电工作区提示贴粘贴于墙壁、门窗、地板处,如图8.23所示,提示行走的人,表示即将进入或已进入防静电工作区。

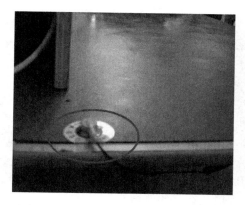

图 8.22　工作台面静电皮防静电提示贴

图 8.23　防静电工作区提示贴

（5）车间楼层、过道等防静电工作区域提示贴

车间楼层、过道等防静电工作区域提示贴悬挂于生产工作车间、过道、进门处，用于提示行人，表示即将进入或已进入防静电工作区，如图 8.24 所示。这里的防静电工作区域提示贴区别于前面的防静电工作区域提示贴，这里为悬挂式，前面的主要为粘贴式。

图 8.24　车间楼层、过道等防静电工作区域的防静电提示贴

（6）电子零件盒等防静电提示贴

电子零件盒等防静电提示贴粘贴在防静电零件盒、周转箱、托盘等容器上，或直接用于存放裸板、IC、三极管等静电敏感元器件上。应粘贴在防静电容器上的不易磨损且醒目的位置，如图 8.25 所示。

图 8.25　电子零件盒等防静电提示贴

# 8.5　SMT 工艺文件

### 8.5.1　SMT 工艺文件的作用

工艺文件是指具体某个生产或流通环节的设备、产品等具体的操作、包装、检验、流通等的详细规范书。

工艺文件是将组织生产实现工艺过程的程序、方法、手段及标准用文字及图表的形式来表示,用来指导产品制造过程的一切生产活动,使它纳入规范有序的轨道。

SMT 工艺文件的主要作用如下:

①为生产部门提供规定的流程和工序,便于组织产品有序地生产。

②提出各工序和岗位的技术要求和操作方法,保证操作人员生产出符合质量要求的产品。

③为生产计划部门和核算部门确定工时定额和材料定额,控制产品的制造成本和生产效率。

④按照文件要求组织生产部门的工艺纪律管理和员工的管理。

### 8.5.2　SMT 工艺流程上的工艺文件

SMT 工艺流程主要包含印刷、贴装、焊接、检测、返修等工艺,为了保证每个工艺过程规范有序进行,每个工艺有相应的工艺文件。

(1)印刷工艺文件

印刷工艺文件是确定产品进行印刷工序的作业指导文件,是产品在进行印刷工序作业时的内容、要求、步骤、判定、工艺参数设置的基本依据。

(2)贴装工艺文件

贴装工艺文件是确定产品进行贴装工序的作业指导文件,是产品在进行贴装工序作业时的内容、要求、步骤、判定、工艺参数设置的基本依据。

(3)焊接工艺文件

焊接工艺文件是确定产品进行焊接工序的作业指导文件,是产品在进行焊接工序作业时的内容、要求、步骤、判定、工艺参数设置的基本依据。

(4)检测工艺文件

检测工艺文件是确定产品进行检测工序的作业指导文件,是产品在进行检测工序作业时的内容、要求、步骤、工艺参数设置的基本依据。

(5)返修工艺文件

返修工艺文件是确定产品进行返修工序的作业指导文件,是产品在进行返修工序作业时的内容、要求、步骤、判定、工艺参数设置的基本依据。

### 8.5.3　SMT 工艺文件识读及编写

1)SMT 工艺文件识读

以企业为单位,识读 SMT 企业的工艺文件。企业一般会将 SMT 工艺文件装订成册,方便管理人员和操作人员翻阅,同时在每个设备上配备了相应的工艺文件。

①识读 SMT 工艺文件,先要读取工艺文件明细表,见表 8.8。工艺文件明细表罗列企业的相关 SMT 工艺文件,从工艺文件明细表查阅到工艺文件编号、工艺文件名称等重要信息。

表 8.8　企业工艺文件明细表

| 序号 | 文件代号 | 文件名称 | 工序号 | 控制点号 | 质量特性 | 页数 | 备注 |
|---|---|---|---|---|---|---|---|
| 1 | GY104 GLT | SMT 产品工艺流程图 | | | | 1 | |
| 2 | GY104 GKC | SMT 工序控制点 | | | | 1 | |
| 3 | GY104-1 GZD | SMT 静电防护 | 1 | | | 1 | |
| 4 | GY104-2.1 GZD | SMT 锡膏存储与使用 | 2-1 | | | 1 | |
| 5 | GY104-2.2 GZD | SMT 钢网管理 | 2-2 | | | 1 | |

②在进行生产之前,熟悉和读取相关工艺文件中的内容,掌握工艺文件中的重要信息,见表 8.9,以保证后续 SMT 生产规范有序地进行。

表 8.9　工序控制点工艺文件

| | | | | | 工序名称 | SMT |
|---|---|---|---|---|---|---|
| | | 工序控制点 | | | 控制点编号 | 1、2、3 |
| 工序号 | | 工序类型 | 关键 □ 特殊 □ 一般 ☑ | | 设备/工装名称 | |

| 序号 | 控制项目 | 工序因素控制 | | | | |
|---|---|---|---|---|---|---|
| | | 控制内容 | | | | |
| 1 | 文件、方法 | 依 SMT 质量控制规定、生产配置用图、检验标准、工艺文件生产作业 | | | | |
| 2 | 防静电 | 符合 Q/YL. D101《静电防护工艺要求》,符合生产过程 SMT 静电防护文件要求 | | | | |
| 3 | 材料 | SMT 物料与工艺材料进检合格,在有效使用期内使用 | | | | |
| 4 | 设备 | 有安全操作规程、作业指导书;按时点检保养,保养记录完整 | | | | |
| 5 | 工具 | 恒温烙铁,接地可靠,斜口钳、镊子、毛刷等使用性良好 | | | | |
| 6 | 环境 | 恒温(23 ℃±5 ℃)恒湿(30%~70% RH),清洁、无多余物;零件、工具摆放整齐有序 | | | | |
| 7 | 作业人员 | 经培训合格,专人专岗 | | | | |
| 8 | 检验方法/频次 | 首件确认,合格后批量生产,过程监控/抽检,生产完成后全检 | | | | |

| 序号 | 工步内容 | 工序控制点 | | | |
|---|---|---|---|---|---|
| | | 操作规范/检验标准 | 特性 | 设备 | 控制方法 |
| 1 | 静电防护 | 依 SMT 静电防护作业指导书作业,需填写 SMT 静电手环/鞋量测表 | | 人体综合测试仪 | 自检、巡检 |

③对不同岗位的人员应对其作相应的培训,在进行培训时,可以将工艺文件作为培训和学

习的重点内容。

2）SMT 工艺文件编写

①不同企业编写的 SMT 工艺文件有所不同,但是一个企业的 SMT 工艺文件应编写成一个体系。

②SMT 工艺文件应由企业有经验、有资质的工程师来编写。

③SMT 工艺文件的编写应参照 SMT 生产相应规范、相应标准来编写,还需要参照工艺设备的使用手册、说明书、使用规范等文件。

④虽然不同企业编写的 SMT 工艺文件可能不同,但是 SMT 工艺文件都应包含相应的重要信息,如 SMT 工艺文件名称,SMT 工艺文件编号,SMT 工艺文件内容、方法、检验标准、所使用的设备等。

⑤SMT 工艺文件编制后,应由企业生产管理部门审核通过,SMT 工艺文件审核通过后方可应用于 SMT 生产中。

# 习题与思考

1. 简述 6S 管理的内容及其对应的作用。

2. SMT 生产中静电的危害会带来什么后果?

3. 一般防静电采取什么方法?

4. SMT 生产中的防静电标志及用途有哪些?

5. 常用的静电防护工具有哪些? 其作用是什么?

6. 生产管理由哪些部分组成?

# 参考文献

［1］詹跃明.表面组装技术［M］.重庆:重庆大学出版社,2018.

［2］王宇鹏.SMT 生产实训［M］.北京:清华大学出版社,2012.

［3］顾霭云.表面组装技术(SMT)基础与可制造性设计(DFM)［M］.北京:电子工业出版社,2008.

［4］顾霭云,罗道军,王瑞庭.表面组装技术(SMT)通用工艺与无铅工艺实施［M］.北京:电子工业出版社,2008.

［5］贾忠中.SMT 工艺质量控制［M］.北京:电子工业出版社,2007.

［6］周德俭,吴兆华,李春泉.SMT 组装系统［M］.北京:国防工业出版社,2007.

［7］何丽梅.SMT——表面组装技术［M］.北京:机械工业出版社,2006.

［8］任博成,刘艳新.SMT 连接技术手册［M］.北京:电子工业出版社,2008.

［9］宣大荣.表面组装技术(SMT)工程师使用手册［M］.北京:机械工业出版社,2007.

［10］黄永定.SMT 技术基础与设备［M］.北京:电子工业出版社,2007.

［11］周德俭,等.SMT 组装质量检测与控制［M］.北京:国防工业出版社,2007.

［12］刘丹.SMT 无铅焊锡膏性能的改进及其组分对性能的影响［D］.哈尔滨:哈尔滨工业大学,2006.

［13］韩满林,郝秀云.表面组装技术(SMT)［M］.北京:人民邮电出版社,2014.